WEI　　　XIN

微心理

经过千锤百炼、被实践反复验证的绝妙真理

洞悉心理隐藏的玄机

世界顶级 **心理学定律**

张晓萍◎编著

MICRO

PSYCHOLOGY

中国出版集团

中译出版社

图书在版编目（CIP）数据

微心理：世界顶级心理学定律／张晓萍编著．—北京：
中译出版社，2020.1
ISBN 978 - 7 - 5001 - 6168 - 4

Ⅰ.①微… Ⅱ.①张… Ⅲ.①心理学 - 通俗读物
Ⅳ.①B84 - 49

中国版本图书馆 CIP 数据核字（2020）第 002369 号

微心理：世界顶级心理学定律

出版发行／中译出版社
地　　址／北京市西城区车公庄大街甲 4 号物华大厦 6 层
电　　话／（010）68359376　68359303　68359101　68357937
邮　　编／100044
传　　真／（010）68358718
电子邮箱／book@ ctph. com. cn

策划编辑／马　强　田　灿	**规　格／**880 毫米×1230 毫米　1/32		
责任编辑／范　伟　吕百灵	**印　张／**6		
封面设计／君阅书装	**字　数／**135 千字		
印　　刷／二河市嵩川印刷有限公司	**版　次／**2023 年 1 月第 1 版		
经　　销／新华书店	**印　次／**2023 年 1 月第 1 次		

ISBN 978 - 7 - 5001 - 6168 - 4　　　　定价：32.00 元

前　言

　　人类社会经过数千年发展，逐步形成了各个学科。其中，心理学是最有趣的学科之一。心理学不仅能通过外在表现探窥内心想法，还能通过内在思想预测其外在行为。

　　心理学家经过长期的摸索，总结出了一些顶级定律，这些定律经过很多年的验证，证明了其正确和有效性，它正在以一种神奇的方式左右着人类的发展。

　　本书围绕八个顶级心理学定律，告诉读者如何利用心理学来成就自己。

　　羊群效应告诉我们，自主决策，别做迷途羔羊；青蛙现象告诉我们，跳出舒适区，才能拥抱新天地；竹子定律告诉我们，厚积薄发，才能成就不凡人生；墨菲定律告诉我们，防微杜渐，不要忽视细微的隐患；沃尔森法则告诉我们，掌握更多信息，才能赢在终点；蝴蝶效应告诉我们，小动作可以引发大风波；吉尔伯特法则告诉我们，看不到危机，才是最大的危机；鳄鱼法则告诉我们，壮士断腕方显英雄本色。

这些经过无数次实践验证的顶级定律，将为您打开一扇扇认知的大门，让您发现生活中种种奇特现象的背后，隐藏着怎样的客观规律。

希望广大读者朋友通过对本书的阅读，可以获得智慧与启迪，对生活和工作有所助益。那将是读者的莫大收获，也是编者的无上光荣。

目 录

第五章　沃尔森法则：掌握更多信息，才能赢在终点

第六章　蝴蝶效应：小动作引发大风波

第七章　吉尔伯特法则：看不到危机，才是最大的危机

第八章　鳄鱼法则：壮士断腕，方显英雄本色

第一章
羊群效应：独立思考，别做迷途羔羊

　　羊群效应是指人们经常受到多数人影响，而跟从大众的思想或行为，也被称为"从众效应"。人们会追随大众的行为，而自己并不思考事件的意义。羊群效应是诉诸群众谬误的基础。经济学里经常用"羊群效应"来描述经济个体的从众跟风心理。

什么是羊群效应

在网上有一个叫"电梯心理实验"的视频，实验人员用偷拍的方式，记录了这么几个片段。

片段一：电梯门打开，一个绅士模样的人（对实验不知情）面朝电梯门站着。实验人员男甲和女甲前后进入电梯，背朝电梯门站着。正当绅士感觉到有点奇怪时，实验人员男乙又进来了，他进来后毫不犹豫地背朝电梯门站着。面对电梯门方向站着的绅士，摸摸鼻子，摸摸额头，眼睛滴溜溜地转了几下之后，终于做出决定：背朝电梯门站着。

片段二：同样的方式，三个实验人员的一致行动，令一个中年白领男也转过了身子，背朝电梯门站着。

片段三：实验人员增加到三男一女，这时，这四人不仅可以通过一致行动让不知情的男青年一会儿背朝电梯门，一会儿面向电梯侧面。更神奇的是，三个男性实验人员一会儿取下礼帽，一会儿戴上，不知情的男青年也跟着将自己头上的礼帽取下、戴上。

我们都知道，坐电梯一般都习惯面对电梯口。这个根深蒂固的习惯，在三个人面前那么不堪一击。而当影响者增加到四个，被影响者戴帽子的行为也变得不由自主了。

职场上的"羊群行为"比比皆是。2008年金融危机中，金融业遭遇滑铁卢，成为裁员"重灾区"，就职金融业风光不再。2011年，市场终于彻底摆脱了危机的影响，金融、IT、电子商务等行业又恢复了生机，大学毕业生们转而又一窝蜂奔着这些行当而去；"公务员热"已成中国社会一大现象，每年百万大军蜂拥而至，创造了千分之一录取率的奇迹……这些人从来没有想过自己的兴趣与特长在哪里，只是盲目地随大流。我们应该去寻找真正属于自己的事业，而不是所谓的"热门"工作。"热门"的职业不一定属于我们，如果个性与工作不合，努力反而会导致更快的失败。

此外，生活中的羊群效应也是数不胜数。街头巷尾只要有一圈人围观，马上就是两圈三圈人——管他们在围观什么。如果你做一个类似于电梯心理实验的实验，找一群人围观一棵平常的树或什么的，保管围观人数剧增。就是那些地摊骗子，也懂得利用羊群效应，一个农民打扮的人在卖"刚挖出来"的假古董，也晓得找一些同伙假装围观、讨价还价。那些利用扑克牌、象棋或绳索小魔术的骗子，围观参与的多半都是同伙。这些伪装的"羊群"，在引诱那些不知情的羊入局。

创业也是如此，看到一个公司做什么生意赚钱了，所有的企业都蜂拥而至，上马这个行当，直到行业供应大大增长，生产能力饱和，供求关系失调。

羊群效应的心理成因

一位石油大亨到天堂去参加会议，进会议室发现已经座无虚席，没有地方落座。他灵机一动，喊了一声："地狱里发现石油啦！"这一喊不要紧，天堂里的石油大亨们纷纷向地狱跑去。很快，天堂里就只剩下那位后来的了。这时，这位大亨心想，大家都跑了过去，莫非地狱里真的发现石油了？

想到这里，他再也坐不住了，起身急匆匆地向地狱跑去。

以上是一则笑话，笑话中蕴含了深刻的道理。石油大亨原本就心知肚明的假话，在"羊群"面前居然也失去了理智。大多数人都认为那么多人的判断应该不会错，即使走错了也有很多人陪着。

美国人詹姆斯·瑟伯写过一段十分形象的文字，来描述人的羊群效应：

突然，一个人跑了起来。也许是他猛然想起了与情人的约会，虽然已经迟到很久了。不管他想些什么吧，反正他在大街上跑了起来，向东跑去。

另一个人也跑了起来，这可能是个兴致勃勃的报童。

第三个人，一个有急事的胖胖的绅士，也小跑起来……

十分钟之内，这条大街上所有的人都跑了起来。嘈杂的声音逐渐清晰了，可以听清"大堤"这个词。

"决堤了！"这充满恐怖的声音，可能是电车上一位老妇人喊的，或许是一个交通警察说的，也可能是一个男孩子说的。没有人知道是谁说的，也没有人知道真正发生了什么事。但是两千多人都突然奔逃起来。

"向东！"人群喊叫了起来。东边远离大河，东边安全。

"向东去！向东去！"

……

这个故事虽然是虚构的，却生动形象地反映了羊群效应。羊群效应并非文学家凭空捏造，心理学家阿希在1956年做过这样一个实验：他招募了一批实验参与者，都是大学生，他将他们分成几个小组，每组7人，让同一个小组坐成一排。在这7人当中，有6人是事先安排好的实验合作者，只有1人是真的被试者身份。实验开始了，研究员每次向大家出示两张卡片，要求组员们对与卡片内容相关的问题进行回答。研究员总是将实验合作者安排在前面回答问题，真的被试者排在最后回答问题。在第12次测试中，实验合作者和被试者回答的问题都一样，从第3次开始至第12次问答，6名实验合作者都按事先要求的那样故意说错答案（题目非常简单，排除了智力因素），以此形成一种与事实不符的群体压力，然后趁机观察被试者是否发生羊群效应。

实验结果正如阿希所料：

①只有25%~30%的被试者保持了独立性，没有发生过从众行为。

②所有被试者平均从众行为百分比为35%。

③大约有15%的被试者，从众行为的次数占实验判断次数的75%。

为了探究羊群效应的心理根源，阿希在实验后对从众的被试者做了访谈，并将访谈结果归纳成从众的三种情况：

①被试者将他人的反应当作参考，发生了观察上的错误，导致知觉歪曲。

②被试者意识到自己所看与所想的与他人不同，但不相信自己比多数人的答案正确，选择了否定自己，发生了判断歪曲。

③被试者明知其他人都错了，却不由自主地跟着错，发生了行为歪曲。

阿希经过分析，将从众行为发生的原因归纳为个体在群体中受到信息上和规范上的压力。

①信息压力：经验使人们认为，多数人的正确概率比较高，在模棱两可的情况下，人们更容易相信多数人，导致从众。

②规范压力：群体中的个人因害怕与众不同而被其他成员视为异常者，被孤立，往往不愿意违背群体标准而选择采纳多数人的意见。

羊群效应是一种客观存在，每个人都或多或少有一些。根据心理学家的调查，他们发现，性格内向、自卑的人从众多于外向、自信的人，社会阅历浅的人从众多于社会阅历丰富的人。

古来圣贤皆寂寞

历史上的不少伟人其实都是孤独的。

卢梭在孤独中完成了自己的忏悔与救赎，然后他建立了自己的思想高台。他写下了《一个孤独者的思想散步》，其实他本就是孤独的，有几个人能懂他的内心呢？

一代哲学大师康德，他的闪光思想出于对头顶灿烂星空和心中神圣的道德法则的敬畏，在冥思苦想中度过他孤独的一生。

优秀的人不羡慕繁华，他们并不排斥孤独。这种孤独不是离群索居，而是一种能够使自己安静、升华的东西，使我们在纷扰的世间做到从容不迫、游刃有余，用简单面对复杂，在喧嚣的城市中保持一份恬静安然，甚至在不公平面前和突如其来的厄运中能够自我调节，不怕人生的转弯，纵使身处低谷也不放弃飞翔。

人是社会的人，谁也不能脱离社会独自存在。人会在自己成长的过程中形成社会意识和群体意识。但是这种群体意识并非否认孤独。

每一个独立的个体，因为成长环境的不同而形成自己与众不同的观念和品位以及不同的世界观、价值观和人生追求。这些不同的心灵壁垒没有必要也不可能被真正打破。君子和而不同，你需要保持自己的独立性和独特性。

著名雕塑《思想者》的作者罗丹也是孤独的。正是在孤独痛苦的思想中，让作品显示了充满内涵的美。

一位因为找不到工作而处境艰难的音乐家，写信给爱因斯坦，向他表达自己对生活感到悲观绝望。爱因斯坦在给他的回信中说：

"千万记住，所有那些性情高尚的人都是孤独的。正因为如此，他们才能享受自身环境中那种一尘不染的纯洁。"

海伦·凯勒双目失明、两耳失聪，寂寞孤单中她酸楚过、绝望过，但是坚定的信念、顽强的毅力使她最终战胜了自己。她在自传中写道："寂寞孤独感浸透我的灵魂，但坚定的信念使我获得了快乐。我要把别人眼睛所看见的光明当作我的太阳，别人耳朵所听见的音乐当作我的交响乐，别人嘴角的微笑当作我的微笑。"

苏东坡是孤独的，他一再地被贬职，人生抱负难以实现，心里不是不凄凉的，他那"谁怕，一蓑烟雨任平生"的潇洒，渗透着怎样深刻的悲哀。

陶渊明是孤独的，他的"不为五斗米折腰"的高洁，以及安于田园生活的恬淡的背后，是做不到官场尔虞我诈虚假逢迎、无法实现为官济世的理想的苍凉与无奈，唯有与菊花做伴、"壶中日月长"了。

有时候我们也会羡慕那些八面玲珑的人，他们总是三个一群五个一伙，好像永远有聊不完的话题。相当一部分人也试图做那样玲珑的人，因而不断地努力去迎合别人。但是，如果你还是个有追求的人，你就会日益感到，没有追随自己的内心，你无法真正快乐。而当你沉浸在自己喜欢做的事情里，你根本不会感到寂寞孤独，你会因为充实感与小小的成就感，而对生命和世界有更多美好的感悟，也会距离你的梦想更近一些。

孤独并非全是悲苦。看看伟大人物的生命历程，他们当时并没有觉得自己的孤独是一种苦，反而沉浸其中、甘之如饴。因为他们在这孤独中有了对生活最深刻的领悟，获得了最闪光的灵感，成就了他们无与伦比的辉煌人生。这种孤独给他们的人格赋予了一种美、一种厚度、一种力量，这种美和力量或悲壮、或深邃。那时候，他们享受这孤独，甚至不愿意别人打扰。

适度离群，倾听内心的声音

在这纷扰喧嚣的世界，有时需要有自己独处的空间。

独处是一种处世的态度，是一种身心的自我调整，更是一种独立人格的体现。

你可以漫步到水边，伫立在无声的空旷中，感受一份清灵。让心灵远离尘嚣纷乱的世界，默默地体验花香，聆听鸟鸣。欣赏自然带给你的乐趣，静静地沉浸在自己的遐想中，不要谁来做伴，只有自己，而在这时你是最真实的。抬头仰望天边云卷云舒，让心儿随着自己无边的思绪飘飞。此时，这个世界属于你，你也拥有了整个世界。

你可以捧一品香茗，在氤氲的缭绕中慵懒地翻阅一本好书。让自己在这份难得的宁静中，去书中解读关于生活，关于情感的文字。此刻，独处成为一个空灵的竹箫，悄悄地流淌着轻柔的曲调。也许会被书中的人物打动，静静地流泪，此时的你卸掉了生活的面具，返璞归真，不带任何伪饰的成分，抑或是微笑，这笑也是甜甜的，是你久蓄于心的一份无法表达的秘密。

你可以播放轻缓的温柔的小夜曲，静静地躺在床上，什么都不想，只让自己沉浸在难得营造出的氛围里，身心此刻回归本真，默默地享受音乐带给你的心灵栖息，音乐会诠释你对浪漫的渴求。

你可以背上简单的行囊，到向往已久地方去。不要与谁为伴，就自己一个人的旅程，可以天马行空，自在逍遥。也许你会如孩童般地滚过一片青青的草地，找寻回儿时的天真与顽皮。也许你会大喊一声，打破这宁静的时刻，让孤独的内心得到释放的快乐。成长本身就是一种疼痛，成为一次自己真不容易，就让这独处的时光做回真正的自己，在陌生的地方，没人认识你，让这阳光完完全全地照亮你那些想喊没有喊出的日子吧！

总之，无论生活多么繁重，我们都应在尘世的喧嚣中，找到那份不可多得的静谧，在疲惫中给自己心灵一点小憩，让自己属于自己，让自己解剖自己，让自己鼓励自己，让自己做回自己⋯⋯

这是一位都市白领的日记——

我曾经偏爱热闹，害怕独处。因为身处人来车往的热闹之中总让我有一种莫名的充实。然而，随着年龄的增长和环境的改变，我发现那种热闹越来越占据了我的眼睛，反而让我怀念起了童年独处的时光。于是，在假日中，我腾出了一个下午来重温独处的自由。

在喧闹、忙碌的人群中走了很久，一个下午所换来的寂静，让我有了久违的舒适。在某种意义上，这可能是在浪费时间，可当我度过这个下午时，我发现心情好像被净化了。已经持续了许久的麻木也被扫清。这个独处的下午并没有想象中的那么孤寂、漫长，反而给了我一种安心的幸福。

是的，当你感到疲倦时，当你的心态过于浮躁时，当你在茫茫人海中迷路时，给自己一点独处的时间吧，它会帮你净化心灵⋯⋯当你走出疲倦，走出浮躁，找到归路，你会发现：独处真好。

长期处于人与人之间复杂的公关、交往沟通、协调、磨合、疏导等关系中，独处是一种有益的调剂。它可以使自己紧张的神经松弛下来，可以让自己暂时进入一种安静清新的生存空间。就像交响乐经过热烈激昂的高潮后一下转入悠扬抒情的曲调一样，顿时让人产生一种夏天吃冰激凌的感觉：凉爽，甜美。

从心理学的观点看，人之需要独处，是为了进行内在的整合。所谓整合，就是把新的经验放到内在记忆中的某个恰当位置上。唯有经过这一整合的过程，外来的印象才能被自我所消化，自我也才能成为一个既独立又生长着的系统。当一个人静下心来的时候，他可以从容地梳理自己近日之所为，总结工作中的成败、生活中的得失，品尝成功的愉悦，化解失败的苦痛，考虑今后的打算。所以，有无独处的能力，关系到一个人能否真正形成一个相对自足的内心世界，而这又进而影响到他与外部世界的关系。

独处是一种超脱。独处是一种养心不劳神，有趣不费钱，随心所欲而不得罪人极易实施的生活方式。

在独处中透视内心

也许你喜欢和一些朋友聚在一起，也许你喜欢在电话中聊上半天，或偶尔探问人家的私事，或在别人忙的时候坚持要去看他，或在团体里太注意自己，好像怕别人会看不见你或忘记你似的。你可能会要求别人帮你做一点小事，以确定别人真的喜欢你。很多人都这么做，结果却愈来愈不喜欢自己，别人也觉得你不成熟。无法自处，往往使你显得有点幼稚。

也许你已经习惯了喧闹的生活，所以一旦周围安静下来，不再有别人的时候，你会觉得不自然起来。很多人认定自己绝对不能孤单。他们每一次尽量让自己避免孤单的时候，都让自己再度感受到恐惧的侵袭。恐惧什么呢？就像有人说的："我单独一个人的时候，简直觉得自己一无可取。"

可是，如果你有享受独处的能力，那么，无论什么时候，你找朋友的意图将完全出之于真心，而非软弱。比如，你打电话给朋友约他吃晚饭，只因为你想看他，而不是因为你无法忍受一个人单独吃饭。这时，你的朋友会觉得你真心地喜欢他、看重他，而不是只想依赖他。你将变得更可爱——对那些想找个真心朋友，而不是找个比他更脆弱的朋友的人而言。

假如你已经习惯和别人待在一起的话，刚开始练习一个人独处时可能会使你觉得不舒服。如果你觉得不愉快的话，就探测自己的感觉。你为什么一直盼望电话铃响呢？你是否担心自己和某人的关系？你是不是厌烦自己？如果这样的话，你可以找点事做做——和你关心的朋友聊聊天，或开始实行一项有创造性的计划——以克服独处时的恐惧。但不要觉得独处的时候，一定得做点有"建议性"的事情，才能掩饰单独一人的怪异行为。如果你愿意给自己一点机会——譬如一个月里找一两个下午独处，你将更能享受独处的乐趣。

然而，在现实生活中，不少人却害怕寂寞，而借着喧闹来躲避它，有的人甚至一生躲避寂寞，临死了还想不开，不仅丧礼办得热闹，还要活人陪葬"，这不能不说明他们害怕寂寞已经到了极点。

其实，寂寞不是别人强加给你的，它是你内心的一种心灵感受。当你想要躲避它时，表示你已经深深感受到它的存在。而越是躲避，感受就越深，越是躲避也就越是寂寞。再往深了说，寂寞是无时不在你的身边，喧闹并不能够使你赶走寂寞，而只能使你一时忘记寂寞的存在而已。而要真正长久地"战胜"寂寞，就不要采取抗拒的态度，而要把寂寞当成自己的朋友。要善于享受独处的时刻，寂寞并不可怕，它就像一个沉默寡言的朋友，虽然不会对你谆谆诱导，但会引领你认清生活的本质及生命的原貌。

在独处的时候，你会更加清晰地看到自己的内心世界。如果你想深入地了解自己、关爱自己，就请多给自己一些独处的时刻吧！

越孤独，越清醒

在人的一生中，谁都会有孤独的时候，一个人守在无风的心灵窗前，托腮凝思，总会滋生孤独和无奈。童年的梦幻早已失去，年少的痴迷也只能依稀在梦里，青春的浪漫流逝在一天天远去的岁月里……孤独不是孤单，孤单，是一颗渴望理解的心灵寻求理解而又不能得到所造成的，使人在需要支持和沟通时独立无援。而孤独，真正的孤独是一种至高至美的境界，是人生无比充实的一种情感，是精神世界一块快乐的净土。

关于"孤独"的解释有很多，唯独以下解释是编者最认同的——孤是王者，独是独一无二，独一无二的王者必须永远接受孤独，他不需要接受任何人的认同，更加不需要任何人的怜悯，王者绝对可以在很平静的环境下独行。

孤独是一种状态，是一种圆融的状态，真正的孤独是高贵的，孤独者都是思想者，当一个人孤独的时候，他的思想是自由的，他面对的是真正的自己，人类的思想一切都源于此处。孤独者，不管处于什么样的环境，他都能让自己安静、自得其乐。

孤独有时候也是一种财富，人只有在孤独时，才会变得理智。当然，真正的孤独不是温饱后的无病呻吟，孤独是灵魂的放射，理性的落寞，也是思想的高度、人生的境界。它没有声音却有思想，没有外延却有内涵，是一种深刻的诠释，是一种不能替代的美丽。

我们经常会有这样的经历，融入喧嚣，就难逃纷扰，经常身心疲愈、憔悴不堪。为功名利禄明争暗斗, 为爱恨情仇恶性角逐……殊不知, 让自己独处方能善待好自己。在一个群落, 掩埋得越深, 就越难找回真实的自我, 只有一个人的世界, 才能真正袒露活脱的自我。

诚然, 一个人在独处时, 才有时间思考, 静思时, 才有机会感悟。能专心, 方能深入。耐住寂寞、忍受孤独, 才会有奇迹的诞生。那些超前的理论学说, 往往都在长久煎熬后, 方被后人体悟和理解。很多科学发明, 也经历了痛苦挣扎, 才被人们认可和推广。那近乎黑暗的埋没, 该是怎样的一种孤独?

作家赵鑫珊说: "不会享受孤独, 就不会享受人生。" 是的, 学会忙里偷闲、闹中取静, 才能享受孤独的时光, 默默感悟失去和得到, 回味遗憾和美好。挤一点时间, 品一杯香茗, 做一次思考, 那是何等的惬意? 能从忙碌中解脱劳顿, 能在静夜里独对心灵, 能在晨曦时思考未来, 那是一种无法表达的玄妙。暗夜里, 独守一盏心灯, 凝望苍凉无垠的夜色, 便没了痛苦, 没了压抑, 静静地品味着那份空旷开阔和寂静清远的孤独。漫步于自我的心灵旅途, 就把平日里那颗焦躁的心融入了如水的宁静, 在追忆和反思里谈品人生, 在夜的最深处, 触摸飞舞的灵魂, 让虚无变得富有, 这又是怎样的一种享受呀!

"越是孤独越清醒。" 众人皆醉我独醒的感觉很苦也很痛, 那是一种如何的超凡脱俗、安然从容? ——不挣脱红尘纷杂, 却要淡泊欲念丛生, 血管里永远流动着不屈不卑的鲜红, 而灵魂中依旧神往悠然自得的云淡风轻。

总之, 不要盲目地去扎人堆, 不假思索地随大溜、凑热闹, 学会在角落里审视一切、思考一切, 然后再前行。孤独会让你从一个独立的空间发现契机和弊端。因此, 当孤独常光顾你的时候, 不要沮丧，它会让你的生活变得更加丰富多彩。

学会在孤独中思考

屈原在孤独中悲悯浮生，所以他的诗歌有博大的胸怀和高远的境界；贝多芬在孤独中吞咽不幸，所以他的音乐有穿透人心的力量；拿破仑在孤独中笑傲命运，所以他的生命之旗一直在"滑铁卢战役"之前迎风飘扬。

孤独是一种经过内心演绎、裂变、积淀后的情感。把生命栏杆拍遍了的人，才会拥有这份深刻的情感。智者的孤独与少年强作悲秋的孤独远远不同，因为理智的孤独者已不会自囚在孤独里。

哲学家尼采说："孤独是美的，因为它纯净生活。"雕塑家罗丹的说法有一点点不同，他说："艺术是孤独的产物，因为孤独比快乐更丰富人的情感。"而鲁迅曾经说过："当我沉默着的时候，我觉得充实。我将开口，同时感到空虚。"

三位大师的睿智，源自他们对生命的理解，也写照了他们孤独、曲折的人生。孤独，这种人类最常有、最本质的情感，是否真的有益于完善人的内心？是否真正为智者所拥有？

孤独的深处往往迭现着世事的美好：高山的峰巅是孤独的；大海的深处是孤独的；高远的蓝天是孤独的；草原上唱歌的牧羊人是孤独的；排着"人"字形的雁阵迁徙时的翔姿是孤独的……但，那恰恰牵引着我们对美好的向往。

如果不是欺人与瞒世，我们说快乐并不是人类最永恒和终极的情感。因为生活的琐碎和世事的无常都在挤压着快乐的空间，也让快乐的体验变得肤浅和脆弱。为了证明我们的快乐，我们不得不戴上世俗的面具。我们忘记了一次雨打风吹的侵蚀，就足以摧垮了自诩为快乐的那个人。而孤独者却不相同，他们从苦难里提炼人生，把奢望轻松放下，把最坏的视为平常，把求人转为自助，这时的孤独者也是命运的自塑者。

只要生命中注入一点点的收获，孤独者便得到了人生的真收获，体验了人生的真欢喜。这时，我们发现孤独延伸了快乐的外延。只是，孤独者已习惯将快乐轻轻淡化。他们的脸上不曾有常人的欢颜。我们听到孤独的智者在说："真的快乐不是披在身上供人观赏的华服，而是自己给自己的内心挂上的一串珍珠。"

日本作家川端康成说："独自一个人时，我是快乐的，因为我可以孤独着。与人相处时，我发现我是孤独的，只因为我已经变得快乐。"可见，我们常常因为刻意让别人快乐，而扭曲了我们自己需要的孤独。

孤独是寂寞，冷落也是寂寞，但真正的寂寞远远不止于此。很多时候，寂寞并不意味独守屋隅的孤单，没人陪伴的冷落，而是台上锣鼓喧天，台下却没有观众；身置熙熙攘攘人流之中，灵魂却遗世独立。

就英雄而言，无人感知、无所寄托的寂寞，是因为没有对手。英雄遇英雄，英雄惜英雄。孔明与周瑜，英才盖世，豪气冲天，两人演绎了一部波澜壮阔的三国史。周瑜英年早逝，孔明仰天长啸，因为失去了较量智慧与勇气的对手。从此，长长的岁月之中，孔明的业绩暗淡了许多。

从积极的意义上讲，寂寞造就了英雄。怀着一颗大展宏图的决心，在天地间心无旁骛，执着前行，不断探求、实践，寻找真理。寂寞也完善了英雄，在寂寞中思索、发现，抵达真理的彼岸。

做事要有主见

主见是人们对客观事物的决断。

做事不能没有主见，处事不能没有决断。拿主见难，坚持主见更难，盲目自信是固执，偏听偏信是糊涂。

正确的主见都是事物本质的反应，坚持主见就是坚持真理，就是坚持胜利，而真理总是被少数人发现，而被多数人所认同的。

做事情如果需要别人都点头，那你的事情就肯定平淡得像河边的一粒沙了，更休想成就一般人不能成就的事业。

在自然界当中，大黄蜂是一种十分有趣的动物。曾经有很多的生物学家、物理学家、社会行为学家联合起来研究这一生物。

根据生物学的观点，所有会飞的动物，其条件必然是体态轻盈、翅膀十分宽大；而大黄蜂这种生物却正好跟这个理论相反：大黄蜂的身躯十分笨重，而翅膀却是出奇短小。依照生物学的理论来说，大黄蜂是绝对飞不起来的。物理学家的论调是，大黄蜂的身体与翅膀比例的这种设计，从流体力学来看，同样是绝对没有飞行的可能。简单地说，大黄蜂这种生物是根本不可能飞起来的。

可是，在大自然中，只要是正常的大黄蜂，却没有一只是不能飞的。甚至于它飞行的速度并不比其他能飞的动物差。这种现象，仿佛是大自然和科学家们开了一个大玩笑。

最后，社会行为学家找到了这个问题的解答。答案很简单，那就是——大黄蜂根本不懂"生物学"与"流体力学"。每一只大黄蜂在它成熟之后，就很清楚地知道，它一定要飞起来去觅食，否则就必定会活生生地饿死！这正是大黄蜂之所以能够飞得那么好的奥秘。

不妨从另一个角度来设想，如果大黄蜂能够接受教育，学会了生物学的基本概念，而且也了解流体力学，根据这些学问，大黄蜂很清楚地知道自己身体与翅膀设计完全不适合用来飞行。那么，这只学会告诉自己"不可能"会飞的大黄蜂，它还能够飞得起来吗？

或许，在过去的岁月当中，有许多人在无意间灌输给你许多"不可能"，我们应该完全抛开这些"不可能"，再一次明确地告诉自己：生命是永远充满希望与值得期望的。

赫尔岑是俄罗斯著名的思想家、文学家。有一次，他的一位朋友请他去参加一个音乐会。音乐会开始没多长时间，赫尔岑就用双手堵住耳朵，低着头，满是厌倦之色。不久，他竟打起瞌睡来。

他的朋友看赫尔岑竟然打起了瞌睡，很是奇怪，就问他为什么。

赫尔岑摇了摇头，说："这种怪异、低级的乐曲有什么听头？"

"你说什么？"朋友大叫起来，"天啊！你说这音乐低级？你知不知道，这是现在社会上最流行的音乐！"

赫尔岑心平气和地问："难道流行的一定好吗？"

"那当然，不好的东西怎么会流行呢？"朋友反问。

"那按你的意思，流行性感冒也是好的！"赫尔岑微笑着回答。

朋友顿时哑口无言。

有时候，人常常会被一种习惯思维所左右。其实，对一件事情的不同解释，往往可以带来完全不同的两种选择。

有一个寓意深刻的民间笑话：一场多边国际贸易洽谈会正在一

艘游船上进行，突然发生了意外事故，游船开始下沉。船长命令大副，紧急安排各国谈判代表穿上救生衣离船。可是大副的劝说失败，船长只得亲自出马，他很快就让各国的商人都弃船而去。大副惊诧不已。船长解释说："劝说其实很简单。我告诉英国人说，跳水是有益健康的运动；告诉意大利人说，那样做是被禁止的；告诉德国人说，那是命令；告诉法国人说，那样做很时髦；告诉俄罗斯人说，那是革命；告诉美国人，我已经给他上了保险。"这则笑话令我们捧腹之余，不难引发有关各国文化差异的思索。

最典型的是前几年流行的山地自行车。该车型适宜爬坡和崎岖不平的路面，在平坦的都市马路上却毫无用处。山地车骨架异常坚实沉重，车把僵硬别扭之至，转向笨拙迟缓，根本无法对都市复杂的交通做出灵巧的机变。一天折腾下来，腰酸背痛，加上尖锐刺耳的刹车，真是一个中看不中用的东西。放着好端端的轻便车或跑车不骑，却要弄上一辆如此的笨拙之物，好像一个人丢下良马，偏要骑那笨牛一样。时髦先生们头戴耳机，腰挎"随身听"，脚踩山地车，一身骑行服，似乎自我感觉良好，其实却一塌糊涂，而这份潇洒背后的代价和感受，又会向谁去诉说呢？

但是，假如把时髦比喻成一座令人心旌摇荡的山峰，山地车的功能便昭然若揭了。追赶时尚，大约就像骑那山地车一样，即便累你半死，也是心甘情愿。究其根源："为什么这样？"必答曰："别人都这样！"

诗人爱默生说："大丈夫从不流俗。"他说的不是怪僻癫狂的人，而是坦然无畏坚持主见的人，是在大多数人不愿在"不"的时候挺身说"不"的人。这里列举一个独特的实验：一个女人在大街上行走，突然向一位不知情的路人大叫："救命！有人强暴！"而旁边另外安排两位乔扮的路人，对此呼救声不闻不问，依旧往前走去。这名被当作实验对象的不知情路人在听到呼救声时，所做的反应不是立刻向前去搭救，而是转头看旁边两人有何动静。当他看到的是一脸漠然时，也就无动于衷了。这种跟着大家走的群体现象说明：我们的信念往往有很大从众性，它的建立总是根据别人的反应而致，这正是妨碍一个人发展的心障。一个不能为自己做出独立选择的人，一生终将一事无成，一败涂地。

行事要有主见，除了自我凝聚、甘于寂寞外，还需要极大的勇气。勇气是为智慧与才干开路的先导，是向高压与陈规挑战的利剑，是同权威和强手较量的能源。

1888 年，法国巴黎科学院收到的征文中，有一篇被一致认为科学价值最高。这篇论文附有这样一句话："说自己知道的话，干自己应于的事，做自己想做的人！"这是在妇女备受歧视和奴役的 19 世纪，走入巴黎科学院大门的第一个女性，也是数学史上第一个女教授——38 岁的俄国女数学家苏菲·柯瓦列夫斯卡娅的杰作。在众多的竞争对手面前，首先要突破的就是我们自身存有的旧观念，"走自己的路，让别人说去吧！"这句至理名言鼓舞了众多敢向自己挑战的人，实现了自己的愿望，成为敢为人先的真正勇士。

正因为敢与习惯势力决裂，敢与多数人相悖，新的科研成果、新的应用技术才能层出不穷，才取得了创造性的成功，也吸引了多数人的关注，这是那些有特殊心理素质的人的共同特点。

最后，让我们来读一则颇有寓意的小寓言：

一群青蛙组织了一场攀爬比赛，比赛的终点是一个非常高的铁塔的塔顶。铁塔下站着一大群青蛙围观。

比赛开始了。围观的青蛙没有谁相信比赛的青蛙会到达塔顶，他们都在议论："这是办不到的，它们肯定到不了塔顶！"

听到鼓噪，一只接一只的青蛙开始泄气了，只剩一些情绪高涨的青蛙继续向上爬。

群蛙继续在高喊着："这是办不到的，没有谁能爬上塔顶的！"

越来越多的青蛙累坏了，纷纷退出了比赛；唯有一只，它费了很大的劲，终于成为唯一一只到达塔顶的胜利者。

当象征荣耀的花环戴在胜利者的头上时，所有的青蛙都想知道它是怎样选择坚持下去的。有一只青蛙跑过去问胜利者它哪来那么大的力气爬完全程，问了半天也没有任何反应，才明白胜利的青蛙是个聋子！

走自己的路，让别人说去吧！

不要迷信专家

随着科学的发展，专业分工越来越细，社会上涌现出一个专家群体，人们尊敬他们的专业知识，养成了"听专家怎么说"的习惯。但是同时，人们忽略或忘记了这种专业研究的单一向度和与其他研究的有机关联，形成了一种对权威的迷信和盲从。建立在这种迷信基础上的思维，也就不可避免地脱离了生命的正常轨道，埋下了选择失败的种子。

斯蒂芬·茨威格的小说《象棋的故事》就揭示了这样一种令人警醒的可怕的现实。小说中米尔柯·琴多维奇，18岁成为匈牙利全国象棋冠军，到20岁便荣获世界冠军的称号。在一连串的比赛中从东到西征服了全球。然而这位世界冠军无论用哪一种文字，哪怕只写一句话，也不能不出错，而且，就像他恼怒的对手之一所刻薄地指出的，他在任何的领域都惊人地无知。当然，他还有一个稀奇的弱点——这一点后被行家们多次注意到，并且不断遭到他们的讪笑。因为琴多维奇从来也不会凭脑子记忆来下棋，哪怕下一盘也不行，用行家的话来说，他不会杀盲棋。他完全缺乏在自己的想象力的无限空间中再现棋盘的能力。他眼前必须老有一张画了 64 个黑白方格的真正棋盘和 32 个具体的棋子。

他的对手 B 博士是一个 25 年没碰过棋子的囚犯。在监狱中为了避免精神在囚牢的虚空中崩溃，借着研究一本名家棋谱保持大脑的灵活。然而这种技能训练使他人为地将意识分裂，形成一种偏执性的疯狂。正是这种在丧失自由的囚牢里获得的单向度训练，使他轻易地战胜了除了象棋之外其他方面近乎白痴的世界冠军。但是，当他的思维恢复到正常状态时，他跳出了思想的囚牢，以一个傻子都能看得出来的错误输掉了那盘棋。

茨威格的寓意小说极为深刻，对于我们这些生活在专业化程度如此之高的时代的人们有着极大的教益。

专家只能给予我们建议及技术上的指导，具体到人生的选择，主意还是由我们自己定好。否则，说不定专家就会变"砖家"，砸碎我们的前程与梦想。

天高任鸟飞，海阔凭鱼跃。

选择适合自己的人生

当留学镀金热时，你削尖脑袋也要出国；当公务员热兴起时，你又忙着考公务员；当大众创业热时，你流连在中关村的咖啡馆找投资……忙忙碌碌的生活，看似充实，实则苍白不堪。

想要引导一群羊，只要牵着头羊走，后面的羊就都会一哄而上，并不会问一下自己：我究竟想要什么？

世界上没有一片叶子和别的叶子相同，更没有一个人与别人完全一样。认真做自己，就必须找到你与他人不一样的地方，即独特之处。而且，这种发掘还不能靠他人，而只能靠自己去寻找，因为谁也不会比你更懂得自己。

我认识一位小学老师，她从大学毕业后就想要教书，但是因为不是师范系统的大学毕业生，当时没有找到教书的机会，她便到日本留学，攻读教育硕士学位。刚回国时，她一时还找不到教职，就到一家公司担任日文秘书，很得老板的信任，待遇也相当好，但是她仍不放弃想要教书的念头。后来她去参加教师考试，考取后立刻辞去了秘书的工作。

教书的薪水不如她担任秘书的薪水，同时，周围的朋友很不解的是，以她的学历绝对可以去教高中，为什么要去教小学呢？

可是她很坚定地说："我就是因为喜欢小孩子才选择这个工作呀。"

有一回我碰到她，问她近来如何。她马上很兴奋地告诉我："今天刚上过体育课。我也跟小朋友一起爬竹竿，我几乎爬不上去，全班的小朋友在底下喊：'老师加油！老师加油！'我终于爬上去了，这是我自己当学生的时候都做不到的事呢。"

这是一个多么快乐的好老师。而如果她因为薪水或是其他因素而违背自己的愿望，选择做个秘书或者到年龄层比较高的学校教书，还会不会这么快乐呢？

每个人都追求成功，那么你如何为"成功"下定义？很多人以为成功与否是由别人来评价的。实际上，你的成功与否只有你自己能做评判。绝对不要让其他人来定义你的成功，只有你能决定你要成为什么样的人、做什么事，只有你知道什么能使你满足、什么令你有成就感。

我想最接近成功的意义是"使命"，"使命"是我们要做的事以及要拥有的一切。你的使命感和你的信仰、价值观密不可分。你必须扪心自问一个问题：我如何确定自己的存在？这个答案直接关系到你所拥有的特质、能力、技巧、人格及天赋。

你首先应该知道的是：你是独特的、是绝无仅有的、是独一无二的，你有自己的个性、背景、观点、处世态度及人际关系，没有人可以取代你，也就是说你的存在绝对有无法取代的价值。你的使命终究还是要靠你自己来完成，它是你人生的目标，是独一无二、专属于你自己的。它值得你用全部的精神、力量去追求。

我们现在生活在一个为我们提供了无限机会的年代。这些选择的机会让我们达到极大的自由，但同时也给我们带来了困惑。有很多人抱怨不知道自己真正喜欢做什么，造成这种局面的原因是他们多年来压抑自己的愿望，忽略了自己的内在，他们总是急于模仿他人，却忘记了真实的自我。

这样不了解自己的人是不可能获得成功的。古语说："知人者智，知己者强。"如果你对自己想做什么非常清楚，你的愿望极端明确，那么使你成功的条件很快就会出现。遗憾的是对自己的愿望特别清楚的人并不是很多。我们需要清楚地了解自己的雄心壮志和愿望，并使它们在自己的内心逐渐明晰起来。

为自己想要的生活而努力的人，是快乐的智者。

靠自己才能成功

美国文明之父——爱默生有句名言："靠自己成功。"这句话影响了一代代美国人，那些原来从英国统治下独立的殖民地国家的人民也在典型的美国个人英雄主义影响下，迅速把这个国家建设成为当今世界上的超级强国。企业家吉姆·克拉克也给过年轻人忠告：不要凡事都要依靠别人，在这个世上，最能让你依靠的人是你自己。在大多数情况下，能拯救你的人，也只能是你自己。

在生命的旅程中，有时候我们难免会陷入各种危机中，而要摆脱这些危机，不要老想着依靠别人，要学会靠自己拯救自己。

有一天，某个农夫的一头驴子不小心掉进一口枯井里，农夫绞尽脑汁想办法救出驴子，但几个小时过去了，驴子还在井里痛苦地哀嚎着。最后，这位农夫决定放弃，他想这头驴子年纪大了，不值得大费周折去把它救出来，不过无论如何，这口井还是得填埋起来。

于是农夫便请来左邻右舍帮忙一起将井中的驴子埋了，以免除它的痛苦。农夫的邻居们人手一把铲子，开始将泥土铲进枯井中。

当这头驴子察觉到自己的处境时，刚开始哭得很凄惨。但出人意料的是，不一会儿驴子就安静下来了。农夫好奇地探头往井底一看，出现在眼前的景象令他大吃一惊：当铲进井里的泥土落在驴子的背部时，驴子的反应令人称奇——它将泥土抖落在一旁，然后站到铲进的泥土堆上面。就这样，驴子将大家铲倒在它身上的泥土全数抖落在井底，然后再站上去。

很快地，这只驴子便得意地上升到井口，然后在众人惊讶的表情中快步地跑开了！

没有人能救得了那头驴子，只有当它放弃悲观与消极，明白只能依靠自己来进行自我拯救的时候，命运才有可能在山穷水尽之际，给它绝处逢生的惊喜。作为高等动物的人类，对于此番自我拯救理论的理解，也不应该逊于动物的求生本能吧？

诚然，人生在世，总要或多或少地依靠来自自身以外的各种帮助——父母的养育、师长的教诲、朋友的关爱、社会的鼓励……可以说，人从呱呱坠地那一刻起，就已开始接受他人给予的种种帮助。然而，许多年轻人"在家靠父母，出门靠朋友"的"靠"，已经远远超出和大大脱离了一个人需要外部力量帮助这种正常之"靠"，而演变成"唯父母和朋友是靠"的依赖心理，把自己立身于社会的希望完全寄托在父母和朋友的身上。

信奉"在家靠父母"的人，往往是那些生活上不能自理而饭来张口、衣来伸手，或者事业上不能自立而离不开父母权力、地位和金钱支撑的年轻人。这样的年轻人，显然不可能在生活上自立自强、在事业上有所作为。

我国著名教育家陶行知编的《自立歌》这样说道：滴自己的汗，吃自己的饭。自己的事，自己干。靠天靠地靠祖上，不算是好汉。不要总是依赖别人，把一切希望都寄托在别人身上，而要依靠自己解决问题，因为每个人都有许多事要做，别人只可能帮你一时却帮不了一世。所以，靠人不如靠自己，最能依靠的人只能是你自己。

在这个世界上，聪明的人并不少，而成功的，却总是不多。很多聪明人之所以不能成功，就是因为他在已经具备了不少可以帮助他成就卓越的条件时，还在期待能有更多一点成功的捷径展现在他面前；而（能）卓越人士，首先就在于，他从不苛求条件，而是自己为自己创造条件——就算他只剩了一只眼睛可以眨。

一次聚会上，几个老同学在闲聊。一位事业上颇有成就的朋友，闲聊中谈起了命运。其中一个同学问："这个世界到底有没有命运？"事业有成的那位说："当然有啊。"同学再问："命运究竟是怎么回事？既然命中注定，那奋斗又有什么用？"他没有直接回答同学的问题，但笑着抓起同学的左手，说要先看看他的手相，帮他算算命，然后讲了一些生命线、爱情线、事业线等诸如此类

的话之后，突然，他对那位同学说："把手伸好，照我的样子做
一个动作。"他的动作就是：举起左手，慢慢地且越来越紧地握
起拳头。末了，他问："握紧了没有？"老同学有些迷惑，答道：
"握紧啦。"他又问："那些命运线在哪里？"老同学机械地回答：
"在我的手里呀。"他再追问："请问，命运在哪里？"

那位同学如当头棒喝，恍然大悟：命运在自己的手里！这位朋
友很平静地继续道："不管别人怎么跟你说，不管'算命先生们'
如何给你算，记住，命运在自己的手里，而不是在别人的嘴里！这
就是命运。"

当然，你再看看你自己的拳头，你还会发现你的生命线有一部
分还留在外面，没有被握住，它又能给我们什么启示？命运绝大部
分掌握在自己手里，但还有一部分掌握在"上天"手里。古往今来，
凡成大业者，"奋斗"的意义就在于用其一生的努力去争取。但是
如果你不靠自己去争取，你连这一点的机会都是没有的。

不管什么时候，牢记这句话："只有自己才是最靠得住的。"
所有成功的秘诀，就在于自我奋斗！除此以外，别无他法。

第二章
青蛙现象：跳出舒适区，拥抱新天地

青蛙现象源自十九世纪末，美国康奈尔大学曾进行过一次著名的青蛙实验。他们将一只青蛙放在煮沸的大锅里，青蛙触电般地立即蹿了出去。后来，人们又把它放在一个装满凉水的杯子里，然后用小火慢慢加热。青蛙虽然可以感觉到水温的变化，却因惰性而没有立即往外跳，等到热度难忍时，已经被煮熟。

懒惰等于慢性死亡

纵观古今，还没有听说过有哪一个懒惰成性的人取得过什么成功。只有那些在困难和挫折面前全力拼搏的人，才有可能达到成功的巅峰，才有可能走在时代的最前列。对于那些从来不愿接受新的挑战，不敢正视困难与挫折和不愿去从事艰辛繁重工作的人来说，他们是永远不可能有太大成就的。

所以，我们应该严格要求自己，不要放任自己无所事事地打发时光；不要让惰性爬出来咬噬我们的斗志，我们要学会调节自己的情绪；不管是处于一种什么样的心境，都要迫使自己去努力工作。

一个人在工作上、生活上的惰性，最初的症状之一就是他的理想与抱负在不知不觉中日渐淡薄和萎缩。对于每一个渴望成功的人来说，养成时刻检查自己的抱负，并永远保持高昂的斗志的习惯是至关重要的。要知道，一切成功取决于我们的远大志向。一个人如果胸无大志，游戏人生，那就是非常危险的。更危险的是，一旦我们停止使用我们的肌肉和大脑的话，一些本来具备的生理优势和能力也会在日积月累之后开始生疏、退化，最终离我们而去。如果我们不能不断地给自己的抱负加油，如果不能通过反复的实践来强化自己的能力，不彻底铲除隐藏在心底的惰性，那么，成功就会变得离我们异常遥远。

在我们周围的人群中，由于没有克服惰性，最后理想破灭，丧失斗志的人多得数不胜数。尽管他们在外表看来与常人无异，但实际上曾经一度在他们心中燃烧的热情之火已经渐渐地熄灭，取而代之的是无边无际的黑暗人生。

对于任何人来说，不管他现在的处境是多么恶劣，或者是先天条件多么糟糕，只要有耐心和毅力，只要他能够保持高昂的斗志，热情之火不灭，那么他就大有希望。但是，如果他任由惰性蔓延，变得颓废消极，心如死灰，那么，人生的锋芒和锐气也就消失殆尽了。在我们的生活中，最大的挑战就是如何克服自己心底的惰性，持久地保持高昂的斗志，让渴望成功的炽热火焰永远燃烧。

这是一个山区老人的故事，说的是有一次几头猪逃跑到山里去了。经过几代以后，这些野猪变得越来越凶悍，经常下山来践踏庄稼，甚至威胁经过那里的人。几位经验丰富的猎人很想捕获它们，但这些野猪却狡猾得很，从不上当。

一天，一位老人赶着一头毛驴拖着的两轮车，走进野猪经常出没的村庄，车上装满了木料和谷物。老人告诉当地的居民说他要帮助他们捉野猪。他们都嘲笑他，因为没有人相信老人能做那些猎人做不到的事情。但是，两个月以后，老人从山上回到村庄，告诉居民，野猪已经被他关在山顶的围栏里了。

他向居民解释他是怎样捕捉它们的，他说："我做的第一件事，就是去找野猪经常出来吃东西的地方。然后我就在空地中间放上少许食物作为捕捉的诱饵。那些野猪起初吓了一跳，但最后还是好奇地跑过来，由老野猪带头开始在周围闻味道。老野猪猛尝了一口，其他野猪也跟着吃，这时我知道我能捕到它们了。第二天我又多加了一些食物，并在几尺远的地方竖起一块木板。那块木板像幽灵一样，暂时吓退了它们，但是白吃的午餐很有吸引力，所以不久之后，它们又回来吃了。当时野猪并不知道，它们将是我的了。此后我要做的只是每天多树立几块木板在食物周围，直到我的围栏完成为止。每次我加进一些木板，它们就会远离一阵子，但最后还是会来'白吃午餐'。围栏做好了，唯一进出的门也准备好了，而不劳而获的习惯使野猪毫无顾忌地走进围栏，这时我要做的只是拉动连接在门上的绳子，出其不意地把它们捕捉了。"

这个故事的寓意很简单：一只动物要靠人类供给食物时，它就会遇到麻烦。人也一样，如果你想使一个人残废，成为一个十足的失败者，只要在足够长的时间里给他提供"免费的午餐"，让他养成不劳而获的懒惰习惯就行了。

许多失败者就像这群懒惰的野猪一样，他们总想不劳而获，心甘情愿地去当"白吃"。他们时常故作轻松地说："这对我没有什么两样。"许多失败者都是这种调子。

还有一则笑话，反映了懒惰者的不光彩结局。

古时候有一个懒婆娘，洗衣、烧饭一样都不会，整天过着饭来张口、衣来伸手的生活。一天，丈夫要出去办事，他怕自己走后，懒婆娘自己不愿动手会饿死，所以临走之前特地为他的婆娘做了一张烙饼，又担心懒婆娘太懒，连自己动手拿一下都不愿，所以就拿了根绳子穿起那张烙饼，然后把烙饼挂在懒婆娘的脖子上，只要她张嘴就能咬到烙饼。

过了十多天，丈夫回到家时，推门进屋一看，懒婆娘已经饿死了。再看那张烙饼，嘴边附近的地方被咬了几口，其余的地方连动都没动一下。原来懒婆娘懒得连用手转动一下烙饼都不愿意，所以烙饼就在嘴边却活活被饿死了。

事实上，懒惰会造成畏缩，畏缩会导致进取心及自信心的丧失，一个人缺乏这些基本的能力，终其一生都会受命运的摆布与欺凌。

别让惰性毁掉前途

报载一位名牌大学毕业生，他的工作很令人感到意外，是一个蔬菜公司的搬运工。他说他六年前从学校毕业，一时找不到工作，便经人介绍到蔬菜公司当临时工，赚点零用钱。渐渐地，这位"天之骄子"习惯了那份工作和周围的环境，也就没有积极去找别的工作，于是一做就是六年，现在年近三十，由于长期与蔬菜打交道，不仅知识未能跟上时代，连老本也丢得差不多了。他说："换工作，谁会要我呢？我又有什么专长可以让人用我呢？"目前，他仍在蔬菜公司当搬运工人。

"转行"两字说来容易，但真正实施起来还是有很大的难度与阻力的，因为一份工作做久了，习惯了，加上年纪大了些，有了家庭负担，便会失去转行面对新行业的勇气；因为转行要从头开始，多少会影响到自己现有的生活。另外，也有的人心志已经磨损，只好做一天算一天。有时还会扯上人情的牵绊、恩怨的纠葛……种种复杂的原因，让你"人在江湖，身不由己"。

人总是有惰性的，不喜欢的工作一旦习惯了，就会被惰性套牢，不想再换工作了。一日复一日，倏忽三年五年过去了，那时要再转行，就更不容易了……时间飞逝，渐渐地，人就如温水里的青蛙一样，一任事业走向死亡。

如果你入错了行，也有心转行，那么就要铁了心，毅然地转行。岁月是不饶人的，如果还待在不适合的行业这盆温水里，就已经很危险了！对年轻人来说，那句老话还是很有价值的，那就是"人挪活，树挪死"。

不要耽于舒适区

有句俗话是这样说的，"生于忧患，死于安乐"，意思是人在困苦的环境中因为容易激发奋斗的力量，反而容易生存；而在安乐的环境中，因为没有压力，容易懈怠便会为自己带来危难。这一句话也可这么解释：人如果时刻都有忧患意识，不敢懈怠，那么便能生存；如果安于逸乐，今朝有酒今朝醉，那么就有可能自取灭亡。

不管将这句话做何解释，它的基本精神都是一致的，也就是说："人要有忧患意识！"用现代的流行语言来说，就是要有"危机意识"。

一个国家如果没有危机意识，这个国家迟早会出问题；一个企业如果没有危机意识，迟早会垮掉；个人如果没有危机意识，必会遭到不可测的横逆。

也许你会说，你命好运好，根本不必担心明天，也不必担心有什么横逆；你还会说，"未来"是不可预测的，"是福不是祸，是祸躲不过"，既是如此，一切随兴随缘，又何必要有"危机意识"呢？

没错，未来是不可预测的，而人也不是天天都会走好运的，就是因为这样，我们才要有危机意识，在心理上及实际作为上有所准备，以应付突如其来的变化。如果没有准备，发生意外时不要说应变措施，光是心理受到的冲击就会让你手足无措。有危机意识，或许不能把问题消除，但却可把损害降低，为自己找到生路。

伊索寓言里有一则这样的故事：有一只野猪对着树干磨它的獠牙，一只狐狸见了，问它为什么不躺下来休息享乐，而且现在也没看到猎人和猎狗。野猪回答说："等到猎人和猎狗出现时再来磨牙就晚啦！"

这只野猪就有"危机意识"。

那么，个人应如何把"危机意识"落实在日常生活中呢？

这可分成两方面来谈。

首先，应落实在心理上，也就是心理要随时有接受、应付突发状况的准备，这是心理准备。心理有准备，到时便不会慌了手脚。

其次是生活中、工作上和人际关系方面要有以下的认识和准备：

——人有旦夕祸福，如果有意外的变化，我的日子将怎么过？要如何解决困难？

——世上没有"永久"的事，万一失业了，怎么办？

——人心会变，万一最信赖的人，包括朋友、伙伴变心了，怎么办？

——万一健康有了问题，怎么办？

其实你要想的"万一"并不只我说的这几样，所有事你都要有"万一……怎么办"的危机意识，且预先做好各种准备。尤其关乎前程与事业，更应该有危机意识，随时把"万一"摆在心里。心里有"万一"，你自然就不会过于高枕无忧。人最怕的就是过安逸的日子。我曾有一位同事，因为过了整整二十年平顺的日子，如今工作技术毫无进展，前进后退都无路，而年已五十，又不甘心沦为人人看不起的小角色。后来呢？他还是只能当一个小角色每天混日子。他正是"死于安乐"的最典型的例子。

不知你现在的状况如何，是忧患？还是安乐？忧患不足畏，应担心的是安于安乐而不去忧于忧患。

有梦就要勇敢追

在希腊神话中，智慧女神雅典娜，从宙斯劈开的脑袋中披甲执戈一跃而出。人们最高的理想、最大的创意、最宏伟的憧憬也像雅典娜一样，往往是在某一瞬间突然从头脑中很完备、很有力地跃出来的。

一个神奇美妙的景象突然像闪电般地侵入一位艺术家的心间，但是，他不想立刻提起画笔将那景象绘在画布上。虽然这个景象占据了他全部的心灵，然而他总是不跑进画室埋首挥毫。最后，这神奇的景象渐渐地从他的心扉上淡去！

你是不是也经常有这样的创意、想法？那么赶快行动，把它付诸实践吧！

一张地图，不论它有多么详细，比例尺有多么精密，绝不能够带它的主人在地面上移动一寸；一本羊皮纸的法禅，不论它有多公正，绝不能够预防罪行。所以，唯有行动，才是滋润成功的水分。

从现在开始，一定要记住萤火虫的教训。因为它只在行动的时候才会放出光。试着将自己变成一只萤火虫，即使在太阳底下，也能看见你的光。要奋斗，要成功，就要做萤火虫，用自己行动的光芒照亮前程。

在日常的生活中，你也许经常听到这样的话："我要等等看，情况会好转的。"对于有些人来讲，这似乎已经成为他们习以为常的一种生活方式。他们总是等待明天，因而总是碌碌无为。

有的人迟迟不采取行动的原因是他有患得患失、优柔寡断的毛病。即使他把事情想得特别全面，可一旦要行动就会出现这样或那样的担心：问题到时候解决不了怎么办？事情不能成功怎么办？犹豫到最后只能是竹篮打水一场空。

还有的人常常对自己的决定产生怀疑，害怕因为自己的决定而承担责任，更不敢相信自己的决定能起很大的作用。由于这种不自信，他们设计的美好人生常常成为泡影。

从现在开始，你要强迫自己培养遇事决断的能力。从出现问题开始，果敢决策。在处理一些重大事情的时候，从各方面加以考虑，用理智去化解疑问，从而做出最后的决定。

总有很多事情需要完成，如果你正受到怠惰的钳制，那么不妨就从当下的一件事着手。这是件什么事并不重要，重要的是，你突破了无所事事的恶习。从另一个角度来说，如果你想规避某项杂务，那么你就应该从这项杂务着手，立即进行。否则，事情还是会不断地困扰你，使你觉得烦琐无趣而不愿动手。

你遇见过那种喜欢说"假若……我已经……"的人吗？这些人总是喋喋不休地大谈特谈他以前错过了什么样的成功机会，或者正在"打算"将来干什么样的事业。总是谈论自己"可能已经办成什么事情"的人，只是空谈家。实干家往往是这样说的："假如说我的成功是在一夜之间得来的，那么，这一夜乃是无比漫长的历程。"

不知会有多少人每天把自己辛苦得来的新构想取消，因为他们不敢执行。过了一段时间以后，这些构想又会回来折磨他们。立即执行你的创意，以便发挥它的价值。不管创意有多好，除非真正身体力行，否则，永远没有收获。

如果能做，就立刻行动。这是所有成功人士的共识。

法尔维从小就有个梦想，那就是走遍美国，进行探险。他从小就喜欢运动，而且从来都是想做就做。

当他还在读小学的时候，就打算给自己买副网球拍。于是，他便利用课余的时间，到周围去捡一些垃圾罐，然后再将它们卖掉。结果，用了一个暑假的时间，他实现了自己的愿望。

后来，他上了高中，同学中经常有些人每天都骑摩托车上下学。他见了很是羡慕，于是便打算买辆摩托车。他又利用课余时间找了3份兼职工作。后来，他利用自己打工赚来的钱买了一辆摩托车，但当时他根本就不知道怎么骑它。他开始学习骑摩托车，每天骑着它上下学。一有时间，他便骑着自己的摩托车四处逛。他从来没有忘记自己小时候的那个梦想，那就是走遍整个美国。

之后，他又换了几辆摩托车，并独自骑着它去阿拉斯加，征服了2000多公里布满沙尘的公路。后来，他又一个人骑车穿越了西部荒原。

23岁那年，他对自己的家人和朋友说要骑车穿越美国。他的父母和朋友们都不同意，认为他疯了，但是他却不想放弃，因为他觉得自己如果现在不去，以后就不会再有时间。于是，他不顾众人的反对，一个人骑上车出发了。他的行装很简单，只有一点钱，一个电筒，一把防身的匕首，还有一张地图。

行程是艰苦的，他遇到了很多困难，有时要穿过荒无人烟的沙漠，有时要穿过茂密的丛林。有时好几天都见不到一个人影，只有他自己寂寞地骑着车，听着拂过耳畔的风声。有时还会遇到毒蛇猛兽，好几次他都与死神擦肩而过。那的确是一次伟大的冒险。

那次冒险之后两年的一个晚上，他骑车回家时被一个喝醉酒的司机撞倒，导致下身瘫痪。

后来，他多次回想起那次经历、那些冒险。他也很庆幸自己能在那个时候实现自己的梦想，不然的话他将不会再有机会，他不可能再骑着摩托车去走访同样的山路、同样的河流、同样的森林了。每当回忆起自己的那次探险经历，他感到自己非常幸运，因为他可以在他有能力的时候实现自己的梦想。

将想法化为行动，才有不一样的人生。有想法后的行动，考验的是一个人的执行力。

成功人士的最大特点是敢想敢做，敢想可以使一个人的能力发挥到极致，也可逼得一个人拿出一切勇气，排除所有障碍。敢想使人全速前进而无后顾之忧。敢想更敢干的人，常常会屡建奇功或有意想不到的收获。行动就是力量，唯有行动才可以改变你的命运。十个不切实际的幻想不如一个实际的行动。总是在憧憬，有计划而不去执行，其结果只能是一无所有。

才能和本领只会属于那些辛勤工作的人，权力和荣耀也只会属于那些埋头苦干的人；那些无所事事的人总是无能之辈。正是那些十分勤劳和努力的年轻人，才能开创出了自己的一片天地。

学会在绝境中奋力跃起

人的一生没有太平坦的道路可走，每一个人都要经历一些风浪。人生有高潮，也有低落。在低落阶段，甚至是在绝境中，人要学会如何应对。

要掌握绝境生存的能力，这种能力一旦培养出来，是终身受益的。面对绝境首先必须明白绝境是可以充分挖掘人的潜能的，人被逼到那个份上，自然可以做出很多自己都想象不到的事情来。

古时候有个将军，他带领不多的兵力去攻打敌人。将军让所有的士兵都背水列阵，也就是说敌人打过来的时候，他的军队根本就没有退路。敌人都笑话他不会领兵打仗，居然有人把部队放到绝境，于是全部都蜂拥过来。让他们没有想到的是，这支在绝境的队伍异常顽强，最后终于以少胜多，取得了战斗的胜利。

处在绝境的时候往往是生存的最好机会。美国有所大学做了一个实验，他们把一只青蛙冷不防地扔进了一口煮沸的油锅中，这只青蛙在那种千钧一发的时刻，表现得异常灵敏，用尽了全力去跳出那口必然让它丧生的滚滚油锅，最后安然逃生。

在绝境中，人们往往会有一种很强的爆发力，这种爆发力会激发人们的很多潜能。处在绝境的时候，往往有一种特别求得解脱的欲望，这种欲望往往能让人们超越原来的自己。

现在很流行拓展活动，这种拓展训练让人在逆境中，不断地激发自己，激励自己。

在绝境中的人往往由于注意力高度集中在处境问题上，因此他们往往对自己看得比较清楚。人在面临生命威胁的时候，反而最懂得生命的意义。

当然人处在绝境的时候，必然会面临一种孤独，其中还有一些人更要面临着孤单。然而孤独也好，孤单也好，这种情绪能让自己体会到原汁原味的自己。绝境是物质上的最大困难，孤独是精神上的最大困难。

其实在现实生活中，那些做出了很大成就的人，尤其是在文学造诣上非凡的人，往往是十分孤独的。不仅是在未成名之前身边特别冷清和心里孤独，而且在成名以后，即使身边热闹，但热闹之中反而更衬托了内心的孤独。要想真正做一番事业就必须能够忍受孤独。

然而这并不意味着要人为地去造成自己与大众的隔离。

对于人们来说，树立了远大的理想，必然会忍受一些孤单和孤独。在这种情况下，人们应该学会调节，应该学会把握生活和理想的平衡。

其实，人在每一个时刻都有绝境生存的可能。当遇到绝境的时候，人们应该明白自己的事情最终还是需要自己来解决，虽然可以寻求别人的帮助，但是打开处境最终的钥匙还是掌握在自己手中。

绝境中生存首先是态度的问题。不要把绝境当成简单的困境，它其实跟危机一样，既是危险，又是机遇。要用一种比较客观的立场来看待绝境。不要因为处在绝境中就心灰意冷，也不要因为绝境常常能够激发一个人的潜能而盲目乐观。很多人在绝境面前会束手无策。

绝境生存的艺术还在于懂得调用各种资源。很多平时忽略的东西，在处于绝境的时候能够想起来，很多不明白的事情在绝境中能一下子想明白。人处在绝境的时候往往能够想到平时忽略的人和事。

以父母教育孩子为例，有很多父母教育孩子的时候，总是让孩子面临各种各样的困难，然后引导孩子用自己的努力去克服困难，如果实在不能克服，就给孩子一点帮助。在这种教育状态下成长起来的孩子自立能力会很强，在社会上也比较能适应。

其实，很多时候，绝境都是自己造成的。孩子平时不好好做功课，到考试之前感觉到十分困惑和吃力，对考试也十分恐惧，这种绝境完全是可以规避的。很多孩子之所以到最后进入了各种各样的绝境，完全是因为平时没有养成一个好的习惯和没有下足功夫。父母应该在这方面对孩子进行引导，让他们在平时就养成一些好的习惯，不要存在侥幸的心理。孩子如果存在着侥幸心理，认为平时不好好读书，考试的时候说不定也能考出个好成绩。认为平时不好好和同学相处，到游玩的时候，大家肯定能够结伴而行。这种想法是在走钢丝。心存侥幸的人最终是对自己不负责任。

在绝境中生存，要学会锻炼自己的适应能力。其实人没有太大的差别，智力上的差距都很小，没有谁比谁更聪明，也没有谁比谁更优秀，人和人的差别有一方面是适应能力上的。如果处于绝境中，应该好好想想自己如何沦落到这种地步。肯定和适应能力不强有关系，那么自己该如何调整自己的适应能力。每每处在绝境中的人能够这样想的话，等他走出绝境的时候，整个人的精神风貌都将有个彻底的改变。

其实人生没有克服不了的困难，关键看自己去不去克服。有些人遇到困难总是不愿意去克服，总是期待父母给他解决。这种状态以后定然不能适应社会。当我们小的时候还好，遇到困难还有父母帮助，等到长大了，到了社会中，遇到困难的时候，父母即使有心帮助自己克服，很多时候也是无力的。因此从小就应该不断培养自立能力，在很小的时候就不依赖，而是十分努力地独立地去克服困难，走出绝境。

勇于改变才能迎接机遇

人生是由一连串的改变所组成，当你的环境、教育、经验、获取的资讯，想象产生变化，你的各个生理与心理的关卡，多多少少都会产生不同程度上的变化。

改变就是机遇，只要你妥善因势利导，就会是好的机会与开始。而且，唯有良好的自我改变，才是改变事情、改变现状，甚至改变环境的基础。

就从自我的改变开始吧！改变自己有时是通向成功的一条捷径。

每个人都有着无限的潜能等待开发，只可惜，我们往往限制了自己的思想。科技进步速度快得惊人，相对也促使了各方面的发展。如果你仍一味地沿用旧的思想、旧的做法去运作自己，可能会很快被淘汰。所以，千万不要当个死硬派，很多不该再坚持的观念，何苦死抓不放。接受新思想，摒弃不合时宜的旧观念，会成为你改造自己、扩大格局的好起点。

成事在人，你是受到你的思想的操纵，因此推陈出新在思想与自我改造上更为重要。好的与适当的，才值得我们去选择与坚持，快点调整自己吧。

不要外表年轻，内心老化，那真是很可悲的一件事；反之，外表呈老，内心却年轻有活力，不是更令人兴奋吗？

在生活上有创造力，就是相信你也能做出不凡之举，这样一来，你就能在生活中创造崭新、有价值的事，但是这需要勇气。别人会批评你，对你有成见，因为你有胆量在鸡群中当一只站得挺直的鹤。如果你持有正确的人生观，就可以不必理睬批评，或把它看作无关紧要。

记住，你不可能既随波逐流，又想与众不同。要想在这个世界上有所作为，自己先要与众不同，做一些非凡的事，别管他人怎么想。

改变自己，让自己全面腾飞才能真正地掌握机遇，让机遇成为我们腾飞的翅膀。

爱因斯坦、爱迪生等都是世界上伟大的科学家和发明家，他们有一个共同点：与众不同，都是独步世界的人，不会随波逐流。

不要当复制品，要做原版。好好想一想，你的生活是不是毫无激情，事事效法他人。如果你无论做什么，总要参照别人的标准生活，考虑是否会被每一个人接纳，你就会让自己身陷在另一种生活之中。换句话说，如果你想让自己的生活变得令人厌烦，就随波逐流，当个无聊乏味的人吧。如果你想使生活多彩多姿、洋溢趣味，就必须与众不同。

你在生活中感到厌烦，那是因为你自己邀请它登堂入室。克服厌烦最好的办法就是消灭它。记住，唯有你自己能够扭转这种境况，只有你有创造力能把生活变得令人兴奋雀跃。你要运用这个能力，这是命令！改变自己，就要与众不同。

机遇并不是赐给每个人的。无论在社会生活和社会斗争中，机遇只偏爱那些有准备的人，只垂青那些深谙如何追求它的人，只赐给那些自信一定会成功的人。机遇稍纵即逝，犹如白驹过隙，它是明察秋毫者不断进击的鼓点，是长夜中士兵即刻开拔的号角。在它面前任何犹豫都与它无缘，都不能开启胜利的大门。机不可失，时不再来，在进退之间，不能把握时机者，必将一事无成，悔恨终身。

要想做到伺机而动，必须善择良机。良机不可能赤裸裸地摆放在我们面前，它常常被复杂变幻的迷雾所掩盖。为此，必须养成审时度势的习惯，随时把握客观形势及其各种力量对比的变化，透过现象，发现本质，这样，方能及时抓住时机。

做到伺机而动，还应注意培养果断的意志品质，克服犹豫不决的弱点。行动需要决策，任何决策都有风险。具有百分之百成功把握的决策，算不上决策，在一般情况下，有七分把握，三分风险，就应当机立断。

人们常犯的错误是，在机会来临的时候，患得患失，犹豫不决。

在美国独立战争中，有一次，南军总司令罗伯特·李被逼到波托马克河边，此时，正值河水猛涨。前有大河后有追兵，使这位能征善战的总司令陷入穷途末路的境地。这是彻底消灭南军结束战争的最好时机。但是，波托马克河战区的指挥官未德却显得优柔寡断，他不但直接违背林肯总统的指令，召开军事会议讨论，而且举出种种理由拒绝向南军进攻。结果，河水退了，李带着残部渡过了波托马克河。

立志于社会竞争的人们，一定要彻底消除犹豫不决的弱点。不要总盯着可能有的一点点风险，举足不前，要培养自己，伺机而动。

行动构筑成功基石

有一个小伙子，初中毕业生后没有考上高中，就放弃了学业。他根本没有什么人生目标，十几岁便游手好闲，整天吃喝玩乐。在他18岁那年，父亲因病去世，他不得不承担起生活的重担，因为母亲没有什么收入，而弟弟还在上学。

他想去城里当一名厨师，可他因为没有手艺只好先去一家餐厅当了一名服务生。在城里，他意识到知识的重要性，于是下班后就找来几本书读。他和餐厅的厨师住在一起，一次，他无意中听到两个厨师说最近鸡蛋很紧缺，其他餐厅也一样。于是他想，自己的母亲在家也养了几只鸡，不如多养一些，把鸡蛋卖到城里，可以赚点生活费。

他把这一想法告诉了母亲，母亲同意了。三个月以后，为了推销鸡蛋，他跑了几家餐厅和市场，虽然他听了不少冷言冷语，但还是把鸡蛋全部卖掉了。

在这一过程中，他又认识了几个鸡蛋商。那些鸡蛋商表示，如果他有更多的鸡蛋，他们都愿意买下来。这么好的一个机会，他怎么能轻易放掉呢？于是他辞了工作，回家办了一家养鸡场。就这样，几年以后，他成了一个很有钱的人。

这位初中生的目标是做一名厨师，而且他为这个目标去行动了，并在这一过程中发现了新机会，他抓住了这个机会，并适时地采取了行动，也就为成功创造了条件。

如果你瞻前顾后，习惯于犹豫不决，而不知道自己真正需要什么，那么你将永远不可能成功。一个成功者不会是一个完人，会有各种各样的缺点，但是他知道自己需要什么，并且努力追求。他会犯错误，会遇到挫折，但他总是迅速地站起来，继续前行。

在现实生活中，只有行动起来的人，才能在行动的过程中获得生活的回馈。即使行动的方向有误，你也能从中汲取到教训，使自己在今后的人生道路上有更多的经验来应付类似的困难。

没有行动，是不可能取得成果的。思想虽然必不可少，但最重要的是必须付诸实践——多思，更要多行。

有一个人向一位思想家请教："成为一位伟大的思想家的关键

是什么？"

思想家告诉他："多思多想！"

这个人满心欢喜，回家后躺在床上，望着天花板，一动不动地开始了"多思多想"。

一个月后，这个人的妻子跑来找思想家："求您去看看我丈夫吧，他从您这儿回去后，就像中了魔一样。"

思想家就去看这个人，这个人爬起来问思想家："我每天除了吃饭外，一直都在思考，你看我离伟大的思想家还有多远？"

思想家问："你整天只想不做，那你思考了些什么呢？"

那人道："想的东西太多，头脑里都装不下了。"

"我看你除了脑袋上长满头发外，收获的全是垃圾。"

"垃圾？"

"只想不做的人只能生产思想垃圾。"思想家答道。

只有行动起来，你才有成功的机会，你才会在实际行动中找到处理问题的最佳办法，才会在实际行动中找到适合你的生活方式。

成功总是青睐意志坚定、精力充沛、行动迅速的人。这种人不但善于做出决定，而且善于执行决定。当面对问题的时候，他会全面考虑自己所面对的情况，果断地做出选择，然后坚定执行。这样的人有超常的管理能力，他不仅制订计划，还能够执行计划。他不但做出决定，而且还能够将决定贯彻到底。

踏实肯干的人总是早早行动。如果你想成就一番伟业，你在确立远大的目标之后，就要静下心来，认认真真、脚踏实地做你该做的事情。在通往成功的路上，你不要梦想一步登天，如果基础不扎实，那么，你的奋斗目标则无异于空中楼阁。所以，真正聪明的人，就是一步一个脚印地走，用自己的行动构筑成功的基石。

一些正值青春年华的人混吃混喝，好吃懒做。他们不懂得"有付出才有回报"的道理，总是有说不完的借口来为自己的懒惰开脱。

特别是在刚刚着手做的时候，总是做些基础工作，似乎和事业、人生的实质联系不大，可能又感到了无聊，即使明白"这种基础"是必不可少的，但不知道为什么就是干劲不足，并且引起了别人的反感，于是就越发感到无聊，更没有干劲了。

很多年轻人是在电视里看到了专业选手，看到了喜欢的音乐家之后开始幻想："自己也能那样该多好哇！"憧憬就从这里开始萌发，然后开始反复练习。在掌握基础知识的阶段，当然是扎扎实实地从头做起。等到你到了十年以后再回想起来，就会体会颇深："十年的光阴在基础上下功夫，我才达到了现有的水平。"

一旦有了什么想法，就要立即行动。然而有的人总是优柔寡断、犹豫不决，等他们决定了该怎样去做时往往已经错过了时机，最后，他们只能说："如果当时我那样做肯定就不会像现在这样了，可是我现在这样做又会出现什么样的问题呢？"这种瞻前顾后的思维使他们停滞不前，即使上帝再给一次机会，他们也抓不住。

这种思维方式使人们采取行动时出现了障碍，总让那些飘忽不定的想法左右着自己的计划，却自认为方方面面都考虑得十分周全。其实，这种自认为聪明的想法是一种极端保守的思维方式。而杰出的人却正好与之相反，他们对自己认准的事，会立即采取行动，而且不干则已，一旦行动就一定要有个结果。

别让拖延症害了你

成功源于马上行动。只有行动，才能成功，一千次心动不如一次实际行动！

从前，有两个国家发生了战争。一个国王谋划在敌方国王的水里下毒想要毒死对方，这事被对方派来的密探知道了。这位密探立即写信给自己国家的国王说："国王您要警惕，水里有毒药，今天您千万不要喝水。"很快，国王就收到了这封信。可是这位国王有个坏习惯，总是把今天的工作推到第二天去办，他对大臣说："先把信收好，明天再拆开读给我听。"可他没有等到明天，就被水毒死了。拖延让这位国王没能见到第二天的太阳。故事虽然简单，但它说明了一个道理：拖延往往会带来悲惨的结果。就在稍加迟疑、等待的几分钟之间，成功与失败往往转手易人，其结果大相径庭。

对一个胸怀大志者而言，拖延怠惰也许是最具有破坏性的，也是最危险的恶习。它会使人丧失进取心。原本打算今日起锻炼身体，可早上躺在温暖的被窝里不肯起来。有一位幽默大师说过："每天最大的困难就是离开被窝，走到冰冷的街道。"他说得不错，当你躺在床上，认为起床是一件不愉快的事，那它就真的变成一件困难的事情了。

比尔·盖茨曾经说过，应该做的事拖延而不立即去做、总想把工作留到明天再做的员工往往会失去最佳的结果。每一个员工都应该今日事今日毕，否则可能无法成功取得自己想要的成绩。所以我们一定要有"必须把握今日，一点也不可拖延"的想法，并且要严格执行。

20世纪70年代，美国有一个叫法兰克的年轻人，由于家境贫困，他去了芝加哥寻求出路。在繁华的芝加哥转了几圈后，法兰克没有找到一个能够容身的处所，于是便买了把鞋刷给别人擦皮鞋。

半年后，他用微薄的积蓄租了一间小店，边卖雪糕边擦鞋。谁知道雪糕的生意越做越好，后来他干脆不擦皮鞋了，专门卖雪糕。

如今，法兰克的"天使冰王"雪糕已拥有全美70%以上的市场，在全球60多个国家有超过4000多家的专卖店。

巧的是，有一个叫斯特福的年轻人，与法兰克几乎同时到达芝加哥。斯特福的父亲是一位富有的农场主，斯特福上了大学，还读了研究生。就在法兰克给别人擦皮鞋的时候，斯特福住在芝加哥最豪华的酒店里进行市场调查，耗资数十万。经过一年的周密调查，斯特福得出的结论是：卖雪糕一定很有市场。当斯特福把结果告诉父亲时，遭到了强烈反对而没有付诸行动。后来，又经过一番精确调查后，自己还是觉得卖雪糕的生意好做。一年后，他终于说服了父亲，准备打造雪糕店。而此时，法兰克的雪糕店已经遍布全美，最终斯特福无功而返。

在现实生活中，我们往往是心动的时候多，行动的时候少，把希望放在今天，而总把行动留在了明天。梦想着成功，却没有付诸行动。而真正的成功者，则是把行动放在现在，把希望放在未来。

有一个落魄的年轻人，每隔两天就要到教堂祈祷，他的祷告词每次几乎相同。

第一次到教堂时，他跪在圣殿内，虔诚低语："上帝啊，请念在我多年敬畏您的分上，让我中一次彩票吧！阿门。"

几天后，他垂头丧气地来到教堂，同样跪下祈祷："上帝啊，为何不让我中彩票？我愿意更谦卑地服从您。"

他就这样，每隔几天就到教堂来做着同样的祈祷，如此周而复始。

到了最后一次，他跪着说："我的上帝，为何您不听我的祷告呢？让我中彩吧，哪怕就一次，我愿意终身信奉您。"

这时，圣坛上空发出一阵庄严的声音："我一直在听你的祷告，可是——最起码，你也该先去买一张彩票吧！"

行动孕育着成功，行动起来，也许不会成功，但不行动，永远不能成功。不管目标是高是低，梦想是大是小，从现在开始，积极行动起来，只有紧紧抓住行动这根弦，才能弹出了美妙的音符。

在我们的周围，也常常可以听到这样的声音："如果我初一的时候就认真读书，现在早就是前几名了。可现在已经是初三，只有一学期就要考试，再努力也是白搭。算了……"一个美好的志向就这样消失了，实在令人惋惜。其实，他应该做的就是马上行动。虽然行动不一定能带来令人满意的结果，但如果不采取行动，那就绝对没有满意的结果。

所谓"亡羊补牢，犹未晚矣"。当你意识到自己的不足，想要弥补一番，或者你有一个绝妙的创意，那么永远也不要说太晚，关键是马上行动，切实执行自己的想法，以便发挥它的价值。

有个人已经40岁了，一天对朋友说："我想去学医，可是学完我就已经44岁了。"

朋友说："可要是你不去学，4年后你还是44岁啊。"

是啊，即使你不行动，时间还是无情地流逝，片刻不会停留。那么，何不在这段时间里努力进取，做出成绩来呢？因为不管想法有多好，除非身体力行，否则永远也不会有收获。

一心向往成功的人，别再犹豫了，马上行动吧。

成功需要奋力一跃

炎炎烈日下，一群饥渴的鳄鱼栖身于一片池塘之中。已经一个多月没有雨水了，曾经的池塘已经快要干涸，鳄鱼们为了残存的水源互相残杀。然而几天又过去了，依然没有雨水注入的池塘，池塘干枯得只剩些许污泥。

面对这种情形，一只小鳄鱼勇敢地起身离开了池塘，它尝试着去寻找新的绿洲。其他鳄鱼呆呆地看着它，似乎它将要走向一个万劫不复的地狱。然而，当池塘完全干涸了，唯一的大鳄鱼也因饥渴而死去的时候，那只勇敢的小鳄鱼却经过多天的跋涉，幸运地在半途中找到了新的栖身之所，在这片干旱的大地上，等到了雨季的再次来临。

尝试需要无畏的勇气，大胆地尝试才能取得更好的结果。小鳄鱼勇敢地尝试，换回了自己一条鲜活的生命，如若不然，想必它也难逃丧生池塘的厄运。可见，勇于尝试的精神很重要。

当然，勇于尝试并不仅仅是精神上的，还需要身体力行，切实地实施到每一个行动上。只有不断地坚持尝试，跌倒了再爬起来，不气馁、不抱怨，才能真正地迈向成功的彼岸。

冯坚从学校毕业后，一直干劲十足，总想做出一番让人刮目相看的事业来，成为让人羡慕的人。然而，接触到实际工作之后，冯坚总觉得自己有所欠缺，做任何事都没有十足的把握。因此，很多任务他都不敢主动接手，也不敢承担一些棘手的工作。

久而久之，上司也认为他不适合做大事，所以只交给他一些简单的工作。于是，冯坚成了公司里打杂的人。就在他为自己的工作苦恼不已时，公司派来一位新上司接任原来上司的工作。

新上司对冯坚说："不要给自己找任何理由和借口，没有任何事情是要等到十拿九稳才能去做的，如果永远不开始，你只会一事无成。行动吧，大胆地尝试，失败也是一种收获呀！"听了这番话，冯坚开始认真反思并努力工作，不久便成为这家公司最优秀的职员。

年轻人做工作，像冯坚这样畏首畏尾、对自己没有信心的人很多，他们不是没有能力，而是不敢跨出迈向成功的第一步。"没有尝试，就不知道问题在哪里""不经历失败，就不能进步"，任何一种不成熟的尝试，都要强于胎死腹中的策略，不做就永远没有成功的机会。

年轻人经验少，就更需要不断去尝试，在尝试新的未曾做过的事时，才能有新的突破和发现。很多人，不敢学游泳，不敢走夜路，更不敢上台演讲，这种种的不敢，都是给自己设下的无形障碍。也正是这些障碍，使我们裹足不前，错过了许多好机会。要记住，在尝试新事物的过程中肯定有输有赢，但你如果什么都不敢去做，主动投降，只会一输到底。

很多初入社会的年轻人，没有做事业的资本，没有广泛的人脉，想要闯出一片自己的天地是很艰难。在社会的压力下，在成功人士耀眼的光环下，很多年轻人丧失了信心，即便有完美的点子和策略也不敢对人讲，更不敢付诸实施，怕失败，怕被人嘲笑，怕遭受打击。

每个人都曾有过无数个第一次，每个成功者的背后都可能有无数次失败的尝试。尝试了至少还有成功的机会，而不尝试，你永远也不可能看到成功的大门向哪边开着。

爱迪生在发明电灯的时候，为了找到合适的材料做灯丝，先后做了1600种不同的试验，试用了各种各样的耐热材料。后来，他全力在碳化上下功夫，仅植物的碳化实验，就做了600多种。

经过3年努力，终于在1880年上半年研制出较满意的竹丝电灯，然而他并未满足，依然大胆进行各种尝试，最终制造出了震惊全球的钨丝电灯。

试想，爱迪生若只是把找灯丝作为一种想法，而不付诸行动，恐怕我们到现在还在点煤油灯；再者，若爱迪生找到几种比较满意的灯丝就停止尝试，那么我们今天随时随地、每时每刻都能享受到的光明也就不存在了。

有句名言这样说："一个生平不干傻事的人，并不像他自信的那么聪明。"不愿意冒任何风险，不愿意尝试任何新事物的人，他们的生活很难有新的突破和发现，甚至很难遇见新的机遇。只有在不断地尝试中，我们的智慧才能得到增长，我们的能力才能得到提升，我们的思想才能得到升华；只有不断地进行尝试，我们才能攀上一个又一个人生的高峰。

　　尝试是破土而出的幼苗，看似力量微弱却可以突破头顶的土层，迎来阳光和雨露。尝试的力量不可估量，它是走向成功的第一步，是精彩大戏上演前必须拉开的帷幕。前方是未知的，只有不断地摸索尝试才有成功的机会。只有勇于尝试、坚持不懈，才会有十年以后的成功。

第三章
竹子定律：厚积薄发，成就不凡人生

　　竹子在前四年只能长 3 厘米，而且这 3 厘米是深埋于土下的，等到第四年破土而出，就会以每天 30 厘米的速度疯长，六周时间就能长到 15 米。

　　反观到人身上，有多少人可以花这么长的时间去做一件事，而且做的还是鲜为人知的事？在通往成功的道路上，坐得住冷板凳、耐得住寂寞的人才能获得最后的成功。

积蓄实力，等待机遇

等待机会不是叫你消极地等，有一种积极的等待方式，将有利于机会来临时更有力地抓住。那就是——时刻为抓住机会而积蓄实力！

我们知道，抓住机会是要讲究实力的。没有足够的实力，机会来临你也抓不住。

著名成功学家拿破仑·希尔用20年的时间，深入调查了美国504名鼎鼎有名的成功人士，得出的结论之一是：在那些外人看似一夜成名的背后，凝聚的是当事人长时间默默地努力与坚守。这就好比战士在没有上战场前，从来就没有放松过自己的严格训练；只等战争来临，他们就能迅速进入角色并取得良好的战绩。

被喻为"台湾第一打工王""台湾亿万富翁"的台湾川惠集团总裁刘延林说："机遇，对每个人来说应该是平等的，但为什么有人捕捉不到，有人捕捉得到呢？关键在于：你是不是积累了捕捉机遇的本领。就像狩猎，等了很久很久，猎物来了，你却放空枪，只能眼睁睁看着猎物消失。捕捉猎物的本领，就是及时抓住机遇的本领。同样发现了机遇，有的人能够牢牢抓住，有的人却眼睁睁地看着机遇溜走。"

机会只偏爱那些准备最充分的人。换句话说，只有在"万事俱备"的情况下，东风才显得珍贵和富有价值。

中国观众开始认识游本昌是从电视连续剧《济公》的播出开始的，从此他的名字连同《济公》这一形象，便深深地印在亿万观众的脑海中。

游本昌出演"济公"角色时，已是57岁的人了。在他一举成名前，是 30 多年默默无闻的演员生涯。

少年时的游本昌就精于模仿，热爱表演，济公和卓别林的形象曾对他产生巨大的影响。凭着他良好的表演天资，他被保送到上海戏剧学院深造，并在大学毕业后极其幸运地被吸收进入中央实验话剧院。然而，他未料到，跨入中国当时一流的剧院这一天，也是他不走运的开始，等待他的将是 30 年的默默无闻。

在漫长的从艺生涯中，游本昌所扮演的几乎都是小角色、小人物，对于一个演员来说，这不能说不是一场悲剧。然而，他却从不气馁，只是通过默默地耕耘和锻炼，用心对每个角色进行精细雕琢，力求演好每一场戏。

他的信条是"没有小角色，只有小演员""热爱心中的艺术，不是艺术中的自己"。靠着对艺术的执着追求，他在被冷落的孤独中苦练演艺，静静等待着机会的来临。

游本昌与明星们一起到过几十个城市，每次演出时他不过是在节目中属于串场的角色。每到一处，当"明星"们被热情的观众包围时，他却被冷落一旁。对此，游本昌的回答是："我不会感到凄凉，那是可以理解的。"

靠《济公》一举成名后，有记者问游本昌："一项事业总要有人去做它才能成功，有的人抓住机会出名了，而有的失败了、悲观了。这里涉及的问题就是机会，你是过来人，你对机会如何理解呢？"

游本昌这样回答："是玫瑰总会开花。我在上海戏剧学院工作时，曾有一位艺术家结合自己 30 岁成才的经历说过，'一个人的成功最大的问题就是机会'。他还谈到和他一样的一位演员很有才华，却久久不得志。直到 42 岁拍完一部电影才崭露头角。我很喜欢鲁迅的著作，更赞赏鲁迅先生的韧性的斗争精神。我相信事在人为，如果说有运气和机会上的差别，我绝不能因时运不济而削弱志气。倘若削弱了志气，连原有的才气也完了，运气自然不会敲你的门。为什么会让我游本昌演济公？因为我演过话剧，演过哑剧，电视剧导演听了熟悉我的人介绍我有喜剧表演才能，我才幸运地饰演了济公。因此，我觉得如果有人遇到怀才不遇的问题时，请不要泯灭自己的志气和追求，相反，更要激发你的韧性、力量。凡事只能往前闯，否则没有出路。奥斯卡电影金像奖，有人七八次提名未中，也有一次获奖的幸运儿。我们要从未获奖的人身上学志气，不要羡慕幸运儿的运气。卓别林 80 岁才去领奖，亨利·方达年近七旬才捧上小金人。历史证明，生活绝不会辜负一个辛勤的耕耘者。我们不要等别人发光，等别人抛彩球，自己沾光；我们要自己发光，要高速运转，才能产生光和热。我运转的动力是什么？就是千方百计地追求上乘演技。"

曾经的无名小卒游本昌，靠着从未丧失斗争的勇气、从未放弃过对理想的追求，以及从未丧失对机会的渴望，终于在机会来临时将机会变成了成功。

现在你不妨想一想：你现在在等一个什么样的机会？或者说你希望出现一个什么样的机会？如果这个机会出现，你要稳稳地把握住还需要提高哪些能力、增加哪些资源？

你可以为你梦想中的机会所需要的支持列一个明细单，一项一项地去努力完善与提高。你要做到万事俱备，只欠机会的"东风"。

唯有埋头，才能出头

古人云："唯有埋头，才能出头。"种子如不经过在坚硬的泥土中挣扎奋斗的过程，它将只是一粒干瘪的种子，永远不能发芽成长成一株大树。

许多有抱负的人大多忽略了积少成多的道理，一心只想一鸣惊人，而不去做埋头耕耘的工作。等到忽然有一天，他看见比自己开始晚的，比自己天资差的，都已经有了可观的收获，他才惊觉到在自己这片园地上还是一无所有。这时他才明白，不是上天没有给他理想或志愿，而是他一心只等待丰收，可是忘了辛勤耕耘。

饭要一口一口吃，事要一件一件做。

"九层之台，起于垒土。"一砖一木垒起来的楼房才有基础，一步一个脚印才能走出一条成形的道路。

如果将一个人的追求目标比作一座高楼大厦的顶楼，那么一级一级的阶段性的目标就是层层阶梯。这个比喻看来太浅显了，但不少人却忽视了这一循序渐进的"阶梯原则"。高尔基在同青年作家的谈话中说："开头就写大部头的长篇小说，是一个非常笨拙的办法。学习写作应该从短篇小说入手，西欧和我国所有最杰出的作家几乎都是这样做的。因为短篇小说用字精练，材料容易安排、情节清楚、主题明确。我曾劝一位有才能的文学家暂时不要写长篇，先学写短篇再说，他却回答说：'不，短篇小说这个形式太困难。'这等于说：制造大炮比制造手枪更简便些。"

高尔基讲的就是循序渐进、一步一个脚印的道理。建造一幢大楼，要从一砖一瓦开始；绳锯木断、水滴石穿就在于点点滴滴的积累。阶段性目标虽然慢，却始终向上攀登，而每个小目标的胜利总给人鼓舞，使人获得锻炼、增长才干。

台湾作家郭泰所著《智囊100》中讲了一个有趣的故事：有个

小孩在草地上发现了一个蛹。他捡回家，要看蛹如何羽化成蝴蝶。过了几天，蛹上出现了一道小裂缝，里面的蝴蝶挣扎了好几个小时，身体似乎被什么东西卡住了——一直出不来。小孩子不忍，心想："我必须助它一臂之力。"所以，他拿起剪刀把蛹剪开，帮助蝴蝶脱蛹而出。但是蝴蝶的身躯臃肿，翅膀干瘪，根本飞不起来。这只蝴蝶注定要拖着笨拙的身子与不丰满的翅膀爬行一生，永远无法飞翔了。

这个故事说明了一个道理，每一个事物的成长都有个瓜熟蒂落、水到渠成的过程。这一过程也就是一步一个脚印的过程。相反，欲速则不达。

远在半个世纪以前，美国洛杉矶郊区有个没有见过世面的孩子，他才15岁，却拟了个题为《一生的志愿》的表格，表上列着："到尼罗河、亚马孙河和刚果河探险，登上珠穆朗玛峰、乞力马扎罗山和麦特荷恩山，驾驭大象、骆驼、鸵鸟和野马，探访马可·波罗和亚历山大一世走过的路，主演一部《人猿泰山》那样的电影，驾驶飞行器起飞降落，读完莎士比亚、柏拉图和亚里士多德的著作，谱一部乐曲，写一本书，游览全世界的每一个国家，结婚生孩子，参观月球……"他把每一项都编了号，一共有127个目标。

当他把梦想庄严地写在纸上之后，他就开始循序渐进地实行。16岁那年，他和父亲到佐治亚州的奥克费诺基大沼泽和佛罗里达州的埃弗洛莱兹探险。从这时起，他按计划逐个实现了自己的目标，49岁时，他已经完成了127个目标中的106个。这个美国人叫约翰·戈达德。他获得了一个探险家所能享有的荣誉。前些年，他仍在不辞艰苦地努力实现包括游览长城（第49号）及参观月球（第125号）等目标。

肯付出就会有收获

一个人，只要每天比别人付出多一点，就总会有意想不到的惊喜。

很多人都有过这样的经历：最后一趟班车总是在内心感到绝望的时候到来了。其实，做任何事情都是一样，坚持就是胜利，成功从来都不会让一个持之以恒的人空手而归。

一个农场主在巡视谷仓时不慎将一只名贵的金表遗失在打谷场里，他遍寻不获，便在农场门口贴了一张告示，如果人们肯帮忙，悬赏 100 美元。

人们面对重赏的诱惑，无不卖力地四处翻找，无奈场内谷粒成山，还有成捆的稻草，要想在其中找寻一块金表如同大海捞针。

人们忙到太阳下山也还没有找到金表，他们不是抱怨金表太小，就是抱怨打谷场太大、稻草太多，他们一个个放弃了 100 美元的诱惑。只有一个穿破衣的小孩子在众人离开后仍不死心，努力寻找，他已整整一天没吃饭，希望在天黑之前找到金表，解决一家人的吃饭困难。

天越来越黑，小孩在谷仓内坚持寻找，突然发现一切喧闹静下来后有一个奇特的声音"滴答、滴答"不停地响着，小孩顿时停止寻找。谷仓内更加安静，滴答声十分清晰。小孩循声找到了金表，最终得到了 100 美元。

成功的法则其实很简单：就是比别人多付出一点。而成功者之所以稀有，是因为大多数人认为这些法则太简单了，而没有坚持。

是的，付出越多，机会越多。当你每多付出一点，就多了一次显示自己是否胜任和提升胜任力的机会。而胜任与否，有时候只差一点点。当我们能坚持比别人多付出一点点，每天能让自己进步一点点时，很快，我们就能比很多人更胜任！

有两个乡下人A与B，一起来到一座大城市，都选择了卖菜，都在一个市场上，菜摊儿还挨着。可是几年以后，同样是卖菜，却卖出了天壤之别：A成了蔬菜批发商，手握200多万元资金；B则因生活难以为继，只好又回到了乡下。

是什么决定了他们的成与败呢？其实，他们之间的差别就在于每天的付出多一点与少一点。是的，就那么一点点，造成了他们的天壤之别。

每天卖菜时，A卖菜人都要拿出一点点时间把黄菜叶子和烂根去掉，把菜弄得水灵灵的好看；B卖菜人却从来没有理会过这一点儿，他认为菜怎么可能会没有黄叶子、烂根呢！

每天卖菜时，A卖菜人总会把菜摊儿收拾得规规矩矩，把菜码放得整整齐齐，让人看着就舒服；B卖菜人则只把菜往地上一摊，爱怎样就怎样。

就这样，刚开始差距只是一点点，但长此以往的结果是，一起进城的两个人，一个在城里站稳了脚跟，一个只好回了乡下。

在职场上，许多人都没有明白这样一个道理，常常需要领导发脾气，需要单位出制度才能保持正常的工作心态和工作习惯。其实，你不应该让领导看到你的懒惰，而更多的是应学会主动地去加班，主动地去替公司思考。这样的付出习惯，虽然不能让一个职场人士马上出类拔萃，但能马上让领导对你产生好感，会让领导认为你才是最优秀的员工。

每个人都应该学会勤奋，勤奋永远是一个制胜的法宝，在一个人的成功之路上，勤奋也扮演着一个非常重要的角色。"打工皇帝"唐骏说："我喜欢勤奋，我很勤奋，我更希望的是什么？我希望带着所有的年轻人，用'勤奋'两个字不断地鞭策自己。只有勤奋才能真正带你实现人生的目标。"是的，在人生的道路上，记住两个字——勤奋。勤奋，再勤奋，每天多走一步，时间一长，你就会快人很多。

美国著名出版商乔治·W.齐兹12岁时便到费城一家书店当营业员，他工作勤奋，而且常常积极主动地做一些分外之事。他说："我并不仅仅只做我分内的工作，而是努力去做我力所能及的一切工作，并且是一心一意地去做。我想让我的老板承认，我是一个比他想象中更加有用的人。"

坦普尔顿指出：取得突出成就的人与取得中等成就的人几乎做了同样多的工作，他们所做出的努力差别很小，但其结果，在所取得的成就及成就的实质内容方面，却经常有天壤之别。这好比两个人参加马拉松比赛，在奔跑两个小时以后，都已经完成了42公里的赛程，还有不到200米，就将到达终点。当时的情况是，两人都十分劳累、难受。前者选择了放弃，而后者则坚持了下来。相对于他跑过的漫长路程，余下这一段短短的距离所具有的价值和意义是不言而喻的，没有这几步，此前的努力将变得毫无意义；有了这几步，他就成了一个征服马拉松的胜利者。取得中等成就的人只是少跑了几步，不幸的是，那是最有价值的几步。

成功是什么？成功是一种超越自我的渴望。成功就是别人付出十分的努力，而我们付出十一分的努力！其实，在这个世界上，天生的高手并不多，成功者只不过是比普通人多了一份勤奋刻苦和坚持不懈而已。

面对挫折更需坚忍

许多人做事之初都能保持较佳的精神状态，在这个阶段，平庸之辈与杰出人才对事情的态度几乎没有差别。然而往往到最后一刻，杰出人士与平庸之辈便各自显现出来了，前者咬牙坚持到胜利，后者则丧失信心，放弃了努力，于是便有了不同的结局。

许多平庸者的悲剧，就在于被前进道路上的迷雾遮住了眼睛，他们不懂得忍耐一下，不懂得再跨前一步就会豁然开朗。一个人想干成任何大事，就必须坚持下去，只有坚持下去才能取得成功。

平庸者之所以在干事时会浅尝辄止、半途而废，主要原因是人天生就有一种难以摆脱的惰性。当他在前进的道路上遇到障碍和挫折时，便会很自然地畏缩不前了。这就跟人们走路的习惯一样，人们总是喜欢走不费力气的路，这就是人人都喜欢走下坡路而不愿意走上坡路的原因，也是人们常常见了困难绕着走的深层原因。

在可口可乐公司创立不久，阿萨·坎德勒也遭受到了来自四面八方的攻击。

有一个医生说，他的病人由于喝可口可乐死亡，他要求议会禁止可口可乐的生产和销售。还有许多人认为，可口可乐是一种兴奋剂，含有可卡因、咖啡因、麻醉剂等对人体有害的物质。于是，一位联邦官员下令查封了可口可乐公司的一批货，并坚持要求将可口可乐中的咖啡因、可卡因去掉。这位联邦官员还不依不饶地将阿萨的可口可乐公司告上了法庭，以期使这家全美国最大的饮料公司屈服。

但是阿萨·坎德勒一向不肯认输，他请自己的弟弟担任辩护律师，与政府展开了长达 7 年的官司大战。一审结果，可口可乐虽然获胜，然而直到 1918 年，政府与可口可乐公司才在庭外和解。

"毅力"这两个字可能不具任何英雄式的含义，但此特质对于个人性格的关系，正如酒精对于酒的关系一样。

亨利·福特白手起家，开始起步时，除了毅力之外，什么也没有，后来却缔造了大规模的工业王国。爱迪生只受过不到三个月的学校教育，却成为世界顶尖的发明家，并且靠毅力发明了留声机、电影机以及灯泡，更别提其他 50 多项有用的发明了。

在以上两位伟人身上，除了毅力之外，找不到任何特质可以与其惊人的成就沾得上边，这可是经过千真万确的了解之后才下的结论。

没有毅力，你将被打败，甚至在还未开始前，就已经被打败。

有毅力的人，似乎总能够享有免于失败的保证。他们无论受挫多少次，总能东山再起，继而达到巅峰。

那些经得起考验的人，会因其意志的坚定而获得巨大的成功。他们可以得到任何他们所追求的目标作为补偿。他们同时也更深刻地懂得"有所失，必有所得"这一辩证的道理。

要做生活的强者，首先要做精神上的强者，做一个坚韧不拔、威武不屈的人。世间不存在人无法克服的艰难和困苦。在你面临绝境无法摆脱时,在你气喘吁吁甚至精疲力竭时,你只要再坚持一下,奋力拼搏一下,你就会战胜困难,同时也磨炼了自己的毅力。

潜心修炼莫浮躁

曾看到这样一段话,让我豁然开朗,"入一行,先别惦记着能赚钱,先学着让自己值钱。没有哪个行业的钱是好赚的。赚不到钱,赚知识;赚不到知识,赚经历;赚不到经历,赚阅历;以上都赚到了,就不可能赚不到钱。让人迷茫的原因只有一个,那就是本该拼搏的年纪,却想得太多,做得太少"。

的确,抱怨解决不了任何问题,在抱怨赚钱少之前,先让自己变得值钱才行。在本该拼搏的年纪,千万不能选择安逸。过去已经过去,未来还没到来,只有把握好当下,才会有一个好的前程。那么,如何才能让自己变得值钱呢?我们需要注意以下几点:

1.拒绝浮躁

刚入职场,你会发现与期待有差距,你会觉得这不是我想要的,应该换家公司。不停地换工作,折腾三五年后,同学们好像升职的升职,加薪的加薪,自己却还在基层苦苦挣扎,郁闷,不解。

无论是为人,还是做事,如果沾染了浮躁,不但解决不了问题,还会陷入盲区,导致新问题发生。所以,我们要学会满足,学会踏实做事,学会不浮躁,让自己的身心都处于一种宁静祥和的状态。

2.少说话,多做事

人生在世,就如同浮云朝露,一切都那么虚幻短暂。时光于你我并不是无限的。把有限的时间留给自己，多做事少说话，多检讨自己，少苛求别人，不要成天说三道四把时间荒废在无聊的事上，如此，你就能更快融入团队，获得认可，你的日子也会亮丽起来。

3. 不计较得失

人的生命是很短暂的，人生一世，功名利禄生不带来，死不带去，斤斤计较，只是徒然给自己增加痛苦而已。不如淡看得失，放下名利，享受当下生活的快乐。有的时候，一件看似吃亏的事，往往会变成非常有利的事。所以，吃亏是福，吃小亏占大便宜。事实上，如果你能够平心静气地对待吃亏，不计较得失，往往能够获得他人的青睐，获得你生活所需要的人脉资源，从而获得人生的成功。

4. 记录和总结

养成记录和总结的习惯，每天记录今天做了哪些工作，有什么心得，遇难到了什么困难。记下来，然后找机会请教同事。这样的习惯坚持一段时间后，你会发现你对工作的熟悉和了解程度，会远远领先于与你一起参加工作的同事。

5. 向优秀的人学习

在任何单位，都会有优秀的人和散漫的人。结交优秀的人，学习其优秀的经验，就像读到一本优秀书籍一样，不仅能成为我们的益友，而且很可能成为指引我们走向成功的良师。向优秀者学习，会从优秀者那里得到许多鼓励和帮助，获得更多意想不到的启示，有利于学会分析自己的长处和短处，从而做到扬长避短，完善自我，创新发展。

6. 保持工作激情

积极、乐观、充满拼劲，这是年轻人为人称道的品质，谁都不愿意看到一个年轻人老气横秋、死气沉沉。对工作保持激情和新鲜感，会让你精力充沛，工作效率提高。保持在工作中的激情，你也因此感到快乐，也会因此使工作成绩跟着水涨船高。

长久的工作激情，源于自身的不懈努力。全心全意做好自己的本职工作，工作出色了，有了业绩，自然会产生成就感和优越感，也就有了工作的动力。工作做好了，还会赢得别人的尊重，也能更上一层楼。

7. 坚持学习

千万不要以为开始工作，就告别了漫长的学习生涯。对新知识、新技能保持开放的心态，针对工作中的种种需求，完善知识结构和技能结构，它会让你更值钱。如何利用业余时间往往决定了人生的差距，与其都用在无意义的社交和娱乐上，不如交给书本。只有经过不断地学习来提升我们的知识，丰富我们的智慧，增长我们的见识，才能使我们能够面对绝大部分问题时有能力去解决。

8. 保持自信

自信是所有成功人士必备的素质之一。想要成功，必须建立起自信心，只有信心建立之后，新的机会才会随之而来。刚入职，我们可能因为什么都不懂而着急，也可能因为同事冷落而孤独。这很自然，也很普遍，不要惊慌，也不要沮丧。告诉自己，明天的我会比今天更出色，困境只是暂时的。有问题就努力地解决和改善，当你解决了一个又一个问题后，就会变得越来越自信。随着工作经验的不断累积，你就会变得越来越值钱了。

9. 有自己的目标

没有理想，人就会失去动力，就无法战胜自己的惰性，而无法战胜自己的惰性，便很难把握时间和生活，很难有直面困难与挫折的勇气。心中是否有确定的目标，是伟大与平庸的天渊之别，是聪明与愚蠢的重要分水岭。

做任何事情，都必须要有一个明确的目标。明确的目标可以创造奇迹，反之，目标的丧失也可能会毁掉一切可能出现的奇迹。需要注意的是，目标不用定得太高，可以制定周目标，完成明确任务。这些小目标往往是通向远景目标路上的方向标记，有了它们，远景目标将不再遥远，小目标最终也能积攒为大目标。

坚持不懈才能成功

美国杰出的鸟类学家奥杜邦在森林中刻苦工作了许多年。一次，在他度假回来时，发现自己精心创作的200多幅极具科学价值的鸟类绘画都被老鼠糟蹋了。回忆起这段经历，他说："强烈的悲伤几乎穿透我的整个大脑，我接连几个星期都在发烧。"但过了一段时间后，他的身体和精神都得到了一定的恢复。他又重新拿起枪，拿起背包和笔，走进了森林深处。

无论一个人有多聪明，如果没有坚韧不拔的品质，他既不会从一个群体中脱颖而出，也不会取得任何成功。许多人本可以成为杰出的音乐家、艺术家、教师、律师或医生，但就是因为缺乏这种杰出的品质，最终一事无成。

在安徒生很小的时候，当鞋匠的父亲就过世了，留下他和母亲二人过着贫困的日子。

一天，他和一群小孩儿获邀到皇宫里去晋见王子，请求赏赐。他满怀希望地唱歌、朗诵剧本，希望他的表现能获得王子的赞赏。

等到表演完后，王子和蔼地问他："你有什么需要我帮助的吗？"

安徒生自信地说："我想写剧本，并在皇家剧院演出。"

王子把眼前这个有着小丑般的大鼻子和一双忧郁眼神的笨拙男孩儿从头到脚看了一遍，对他说："背诵剧本是一回事，写剧本又是另外一回事，我劝你还是去学一项有用的手艺吧！"

但是，怀抱梦想的安徒生回家后，并没有去学糊口的手艺，却打破了他的存钱罐，向妈妈道别，动身到哥本哈根去追寻他的梦想。他在哥本哈根流浪，敲过所有哥本哈根贵族家的门，并没有人理会他，但他从未想到要退却。他一直在写作史诗和爱情小说，却未能引起人们的注意，尽管他很伤心，却仍然以坚韧不拔的毅力坚持着写作。

1825 年，安徒生随意写的几篇童话故事，出乎意料地引起了儿童们的争相阅读，许多读者渴望他的新作品的发表，这一年，他 30 岁。

直至今日，《国王的新衣》《丑小鸭》等许多安徒生所写的童话故事，仍陪伴着世界上许多的儿童健康茁壮地成长着。

无论环境如何艰难困苦，我们都不要向困难低头，而要坚韧不拔地坚持下去。沙地虽然贫瘠干燥，绿色的仙人掌却还是挺直身躯，让自己开出了鲜艳的花儿。水滴石穿、绳锯木断，是坚韧不拔地坚持的结果。坚持，既是人类的精神品格，更是成就大事的诀窍。生活既不是苦难，也不是享乐，而是我们应当为之奋斗，并坚韧不拔地坚持到底。

可以说，坚韧不拔的斗志是所有成功者的共同特征，他们也许在其他方面有缺陷和弱点，但坚韧不拔的斗志是他们身上所不可或缺的。无论他的处境怎样，无论他怎样失望，无论任何苦难都不会使他颓丧，任何困难都不会打倒他，任何不幸和悲伤都不能摧毁他。过人的才华和聪明的天赋，都不如坚持不懈的努力更有助于造就一个成功者。在生活中，最终能取得胜利的是那些坚持到底的人，而不是那些认为自己是天才的人。但是，很少能有人完全理解这一点：杰出的成就源于坚韧不拔的斗志和不懈的努力。

不断前进才能抵达目标

一个人为实现某个目标，焦虑到一定程度时，就会成为偏执狂。对此，英特尔公司总裁安迪·葛洛夫曾说："唯有偏执狂才能成功！"因为，在成功之前，在还看不到希望的时刻，绝大多数人都陆陆续续地放弃了，这就像阿里巴巴创始人马云说的那样："今天很残酷，明天更残酷，后天很美好，但是绝大多数人死在明天晚上，见不着后天的太阳。"偏执狂却不一样，作为成功的少数派，他们能够始终坚持他们的目标，不管经历多少风雨险阻，不离不弃，直到"后天的太阳"升起，收获一个灿烂的黎明。

肯德基的创始人桑德斯上校在65岁时还身无分文，孑然一身，当他拿到生平第一张救济金支票时，金额只有105美元，但他没有抱怨，而是自问自己："到底我对人们能做出什么贡献呢？我有什么可以回馈的呢？"

于是，他便思量起自己的所有，试图找出可为之处。头一个浮上他心头的答案是："很好，我拥有一份人人都会喜欢的炸鸡秘方，不知道餐馆要不要？我这么做是否划算？"

随即他又想："要是我不仅卖这份炸鸡秘方，同时还教他们怎样才能炸得好，这会怎么样呢？如果餐馆的生意因此而提升的话，那又该如何呢？如果上门的顾客增加，且指名要点用炸鸡，或许餐馆会让我从其中抽成也说不定。"

好点子固然人人都会有，但桑德斯上校就跟大多数人不一样，他不但会想，而且还知道怎样付诸行动。随之他便开始挨家挨户地敲门，把想法告诉每家餐馆："我有一份上好的炸鸡秘方，如果你能采用，相信生意一定能够提升，而我希望能从增加的营业额里抽成。"

很多人都当面嘲笑他："得了吧，老家伙，若是有这么好的秘方，你干吗还穿着这么可笑的白色服装？"这些话是否让桑德斯上校打退堂鼓呢？丝毫没有，因为他还拥有天字第一号的成功秘诀，那就是执着，绝不轻言放弃。

于是，他驾着自己那辆又旧又破的老爷车，足迹遍及美国每一个角落。困了就和衣睡在后座，醒来逢人便诉说他的炸鸡配方。他为人示范所炸的鸡肉，经常就是他果腹的餐点，往往匆匆便解决了一顿。

两年过去了，桑德斯上校近乎偏执的坚持终于为他换来了成功。在整整被拒绝了1009次之后，桑德斯上校听到了第一声"同意"，他的炸鸡配方终于被接受了。

　　或许偏执坚持的人，不一定都会有桑德斯上校最后那样好的结果，能够获得成功。但无论成功与否，有一点毋庸置疑，那就是：他们始终在不断争取、不断前进，向着目标切实努力着，也始终保持着继续坚持的勇气和永不妥协的执着。

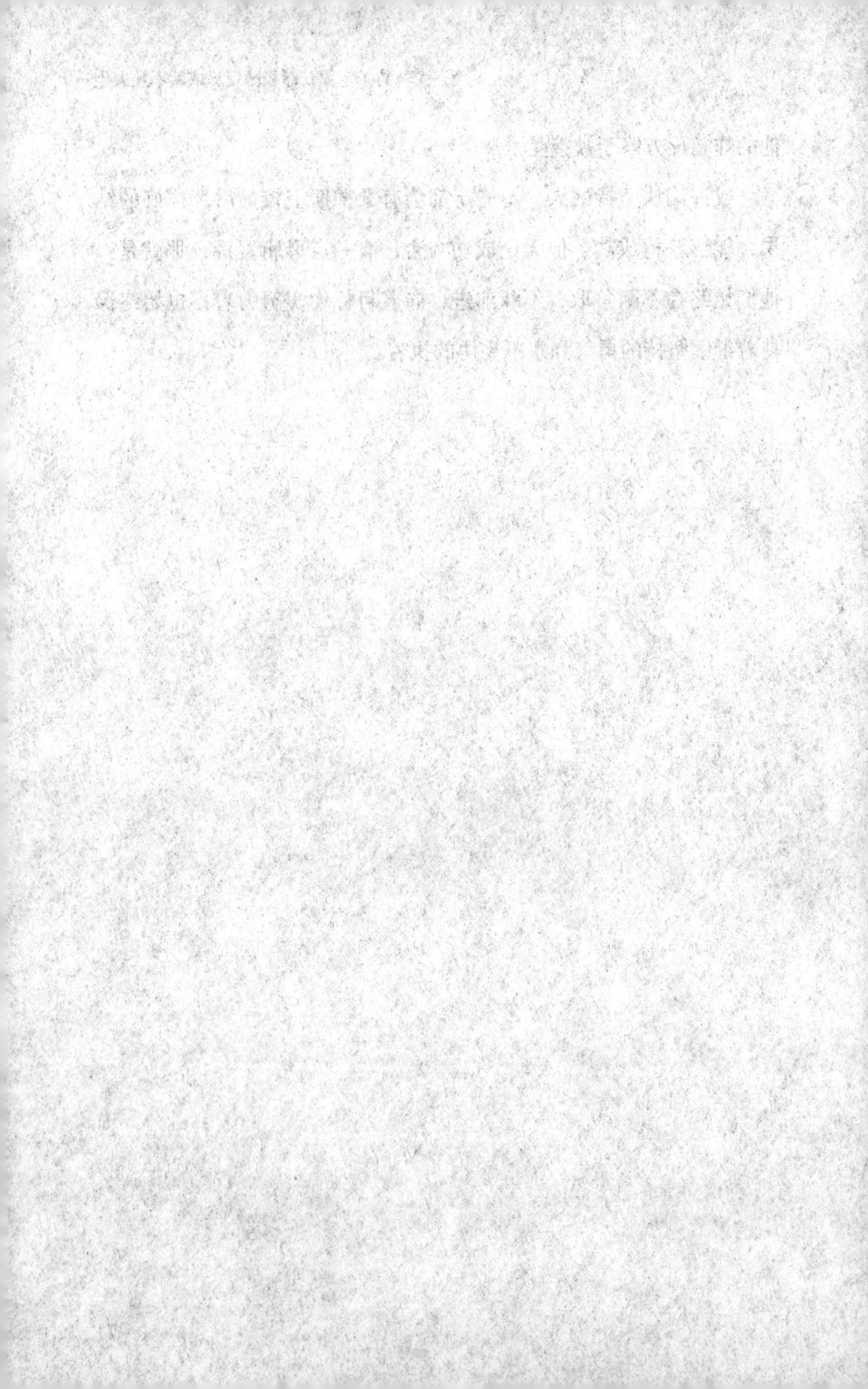

第四章
墨菲定律：防微杜渐，不要忽视微小隐患

墨菲定律，通俗地说就是：怕什么来什么，而且一定会来。

墨菲定律是一种科学定律，它让我们关注概率，抛弃恐惧、逃避、侥幸的心理，正视可能存在的危机，尽最大努力，提前做好防御，避免事情朝着糟糕的方向发展。即使危机事件发生，也不必惊慌失措，而应沉稳应对，妥善解决，将灾难化于无形。

不可对意外心存侥幸

2003 年 10 月 2 日晚间，在哈佛大学的桑德斯戏院宣布了 2003 年度搞笑诺贝尔奖。这是自 1991 年度以来的第 13 次颁奖。所有的搞笑诺贝尔奖活动均由《不可能研究的年报》（英文名首字母缩略为 AIR）评选。这次活动得到哈佛拉德克利夫科幻协会、哈佛计算机学会、哈佛拉德克利夫学生物理学会的协办。颁奖典礼中有四五位真正的诺贝尔科学奖得主到场，整个颁奖过程持续 90 多分钟，其间哄笑声不断。

这一年度的搞笑诺贝尔工程奖授予爱德华·A. 墨菲、约翰·保罗·斯坦普和乔治·尼克斯，他们的贡献就是在 1949 年共同创立"墨菲定律"，墨菲定律将原先的基本工程法则"如果有两种或更多种方式做某事，其中一种能导致灾难，有人将会采取这种方式"，换一种方式来表述："有可能出错的事情，均会出错。"

墨菲的全名是爱德华·A·墨菲，生于 1917 年，职业是航空工程师。他在 1949 年参与美国空军一项火箭发射计划，测验一个人的身体对速度的增加能有多大的容忍限度。当时有两种方法可以将加速度计固定在支架上，而不可思议的是，竟然有人如此"精准"地将 16 个加速度计全部装在了错误的位置上。于是墨菲做出了这一著名的论断："任何可能出错的事都会出错。"

没有几个月，这句话就传遍了整个航天工程学界，成为科技文化领域的至理名言，后来普及成美国人的日常话语。1958 年"墨菲定律"的条目被收入《韦氏大字典》。

在英语国家有一句口头俚语，常用于诙谐地评论社会、人生，流传广泛持久，就是所谓的"墨菲定律"。碰到某些日常琐事，或者遭受某种无所谓的挫折，人们通常都会自我解嘲地说："有什么办法呢？这是墨菲定律嘛！"

除了"凡是可能出错的，准会出错"这句最经典的名言以外，墨菲定律还体现在：

凡是钢笔落地，总是笔尖朝下；

凡是蛋糕落地，总是奶油朝下；

凡是我喜欢的女孩，总是名花有主；

如果有可能出现几个问题，那么造成最大损害的那个将是第一个出错的；

如果一切似乎进展顺利，你显然忽略了一些东西；

在更换新的之前，你永远不会找到丢失的物品。

墨菲定律不是物理学与概率学上的定律，而是一句警句，警示人们不可心存侥幸，要尽量做好充足的准备。打个比方，你看到桌子上有把剪刀，家里又有小孩子，就不要想着孩子在睡觉，可以等会儿再收拾。马上收起来，墨菲定律告诉你：因为最坏的可能一定会发生。

对待墨菲定律的态度也有两种：有人把它当作借口——差错难免，无能为力；另一种则把它当作警钟——时刻警惕，力保安全。其实，在差错与后果之间，还有一条最后的防线——检查。事故是可能避免的，关键在于预防。

1. 提升预测能力

预防离不开预测。在你动手做一件事情之前，不妨先在脑海里预览一遍过程，这就很容易发现平时注意不到的细节和可能出问题的环节。随着你的经历和经验越来越丰富，你会发现你能感知到的风险就会越来越多。

刻意的练习和思考是可以提升预知能力的，从前也许你只知道一二，随着时间的推移，你可能就能抓到七八分的程度了。

2. 增强抗压能力

不思考不准备是很轻松的，但你可能会面临无力解决当下局面的状况。特别是工作和生活上经常出现多线任务交织的情形，如果你没有准备，那可能就很容易被击倒了。

为了对抗墨菲定律描绘的情景，你会时刻考虑，提前策划。这样即使有很多麻烦事情一起出现，你也可以有条不紊地应对自如。

前期的思考可能会是一个艰难的过程，克服困难和麻烦也是很不容易的。但是你的人生已经在时时刻刻增加经验值了，今后再遇到什么不幸或是困苦，也有能力去应付了。

墨菲定律揭示的是导致不良结果的普遍性，以及人为无法阻绝所有意外的必然性。你可以从这个定律上学会小心谨慎，而不是满心悲观，认为祸事必来，就消极度日。

有备才能无患

战争的爆发，是很难准确预测的。一旦爆发却又无法阻挡。而且战争的消耗又是巨大的，这个时候再来做准备，是根本无法应付的。如果事先准备好了，在战争中就能做到有求必应，而不至于使自己输在了第一步。

其实，不仅在战争中，在生活中也是一样的，只要平时能防患于未然，就不会在紧要关头慌了手脚。

春秋末期，智伯联合韩、魏两国军队攻打赵国。

赵襄子和张孟谈商量防御的方法，张孟谈说：

"董安于是先王赵简子的才臣，过去治理晋阳时，一直因善政被人赞美，其遗风仍留传至今。依我看，还是到晋阳去坚守为好。"

于是赵襄子便转移到晋阳，到了晋阳城才发现，不但城墙不高，仓库没有存粮，府库没有金钱，兵器库没有武器，就连四周的村落，也没有任何防御设施，他不由得大为惊恐，赶紧把张孟谈找来商量。

"在一无所有的状态下，叫我如何来防御敌人呢？"他问道。

张孟谈回答道："圣人之治，储藏财物于民间，而不在府库；致力于教化人民，而不注重营造城墙，这样民则无不心服。因此，如今可下令要人民保留三年的生活必需品，多余的金钱和粮食都交出，让那些年轻人修筑城池，人民是会服从命令的。"

下令之后，第二天人民就送来了难以估量的粮食、金钱及兵器。五天后，城池修理完毕，一切用具也都重新整治，赵襄子又找张孟谈商量道：

"一切都已经齐备了，可是没有箭，该怎么办呢？"

"董安于治理晋阳时，官署四周都种植了荻蒿等高秆植物，现在已长到一丈多高了，可以用来做箭杆。"张孟谈答道。

赵襄子立即将其砍下，制成箭杆。这箭杆比起洞庭湖产的竹箭，毫不逊色。但有了箭杆却没有箭头，又该怎么办呢？于是赵襄子又把张孟谈找来说：

"虽然有箭，但却没有箭头。"

"官署的柱子，是用铜打造的，您尽管使用就是了。"

赵襄子马上利用柱上的铜，来制造所需的箭头，结果粮草兵箭万事齐备。

不久，智伯的军队来攻，赵襄子坚守晋阳，最终大破智伯军，并且还将智伯杀死了。

还有一则民间故事，一个大财主一日正撞见有人在他的地里偷红薯。他不仅没有责备小偷，反倒好言相劝。小偷感激涕零，对财主说："我乃一时落难，救命之恩他日必会相报。"财主并未放在心上。

若干年后，财主进城做生意，忽一日在饭店里遇见一人上前拜见，称自己就是当初偷红薯的人，如今已是一个富豪。闻知财主生意一时未得进展，就称："我有一商铺，顾不上经营，可盘给你。"并嘱铺中有一堵影壁，需要时可推倒重修，可能会对他有所帮助，财主接了铺子，对"影壁"之说并未在意。第二年适逢大灾，财主不经意间想起这席话，便命人拆去影壁，却发现壁中藏有黄金数两，方知那人报恩于今日，不禁慨叹万分。

可见，"备"不一定是物质上的，更可以备下仁慈之心，换来意料不到的回报。

提前做好危机防御

据说春秋末年，伍子胥在辅佐吴国整军时，不是先练怎样打胜仗，而是先练打败仗后如何处置，因此在多次大战中获胜。可见，古人早就知道一个道理，防患于未然远胜于一味地进攻。

2004年欧洲足球锦标赛中，希腊队夺冠让很多球迷感到意外，因为，从希腊队的整体水平来看，并没有什么特别优秀的球员，就算卡拉贡尼斯是一个，也只是在国际米兰连主力都打不上的替补而已，更不用说默默无闻的其他队员。或许正是因为队员们不是超级巨星，很多队伍都没拿希腊当回事，至少没有很好地去了解、研究希腊的战术打法，从而被打了个措手不及。细究起来，希腊队取胜的法宝很简单，只不过是希腊主帅雷格哈尔尊重每一场比赛，仔细分析每一个队伍的战略，使希腊踏实地一步步前进，最终笑到了最后。

从希腊第一场和葡萄牙比赛开始，大家就可以明显看出，雷格哈尔要求希腊队不以进球为首要任务，而是跟敌人耗耐心，比耐力，等到对手攻得不耐烦的时候，再以突袭出奇制胜，这场比赛中希腊进的两个球都是在防守反击中攻进的。同法国和捷克的比赛更是把这种战术发挥得淋漓尽致，希腊不仅冻结了法国的超级前锋亨利和特雷泽盖以及捷克的前锋巴罗什和高大的中锋科勒，而且在中场一次又一次地瓦解了对方强大的攻势，一次次严重削弱了对手的进攻欲望和耐心，两场比赛的制胜球都是在对方几乎失去耐心的时候取得的。

如果严格地谈论进攻，希腊绝对算不上很强，至少比进入四强的其他队伍都要弱。可为什么希腊走地最远，关键就是其出色的防守。雷格哈尔再一次用"防守"给现代足球上了一课，出色防守和进攻一样重要，甚至更重要，希腊队创造的神话就是最有说服力的事实。

这个案例告诉我们：在某些时候，甚至是绝大多数时候，决定危机管理成败的关键是危机来临时的战略防守，而不是危机到来后的战术决策或者是一些具体的措施、办法。战术只是一个表象，战略才是制胜的法宝。不战而屈人之兵才是上之上策。

历史上我们熟悉的以守为攻，大获全胜的出色案例还有不少，比如三国时期诸葛亮的"空城计"就是经典的防守战例。二战中著名的斯大林格勒保卫战是军事史上又一个精彩的防守战例，它成了欧洲战场的转折点。

危机上的防守就是我们常说的危机预防，像足球比赛中对方的进攻一样，我们常常会受到来自"危机"的偷袭，如果事前没有充分的防御措施，它们一旦偷袭成功，我们便会遭受巨大的损失。但与足球有一点不同的是，在踢球时我们可以用进攻去代替防守，用凌厉的攻势突破敌人的防线。但在危机没有爆发之前，我们没有可以进攻的地方，防守实质就是去预防。只要我们预防成功了，也就等于胜利了。

当然，有些危机是无法避免的，例如山体滑坡、泥石流、洪水暴发，等等，但是，自然与客观规律始终存在，只要事前具备充分的防范意识，即使危机发生了，这种预防可以在危机确实发生时减少其损害规模，从而让损失更小一些。

防御危机的偷袭需要我们精心的准备。凡是成功的组织或个人，都是有防范风险准备的，他们不打无准备之仗。因为他们明白，打无准备之仗，只会是失败。只有做好准备，做好防守，预测未来的事态发展，这样才不会被突如其来的危机打晕头脑而迷失方向。

临危不乱的智慧

在紧急的关口，许多人出于本能，都会做出惊慌失措的反应。然而，仔细想来，惊慌失措非但于事无补，反而会添出许多乱子来。试想，如果是两方相争的时候，对方就会乘危而攻，那岂不是雪上加霜吗？

所以，在紧急时刻，临危不乱、处变不惊，以高度的镇定，冷静地分析形势，那才是明智之举。

唐代宪宗时期，有个中书令叫裴度。有一天，手下人慌慌张张地跑来向他报告说他的大印不见了。为官的丢了大印，真是一件非同小可的事。可是裴度听了报告之后一点也不惊慌，只是点头表示知道了。然后，他告诫左右的人千万不要张扬这件事。

左右之人看裴中书并不是他们想象一般惊慌失措，都感到疑惑不解，猜不透裴度心中是怎样想的。而更使周围的人吃惊的是，裴度就像完全忘掉了丢印的事，竟然当晚在府中大宴宾客，和众人饮酒取乐，十分逍遥自在。

就在酒至半酣时，有人发现大印又被放回原处了。左右手下又迫不及待地向裴度报告这一喜讯。裴度依然满不在乎，好像根本没有发生过丢印之事一般。那天晚上，宴饮十分畅快，直到尽兴方才罢宴，然后各自安然歇息。

而左右始终不能揣测裴中书为什么能如此成竹在胸，事后好久，裴度才向大家提到丢印当时的处置情况。他教左右说："丢印的缘由想必是管印的官吏私自拿去用了，恰巧又被你们发现了。这时如果嚷嚷开来，偷印的人担心出事，惊慌之中必定会想到毁灭证据。如果他真的把印偷偷毁了，印又何从而找呢？而如今我们处之以缓，不表露出惊慌，这样也不会让偷印者感到惊慌，他就会在用过之后悄悄放回原处，而大印也会失而复得，不会发生什么意外了。所以我就如此那般地做了。"

从人的心理上讲，遇到突然事件，每个人都难免产生一种惊慌的情绪，应该想办法控制。

楚汉相争的时候，有一次刘邦和项羽在两军阵前对话，刘邦历数项羽的罪过。项羽大怒，命令暗中潜伏的弓弩手几千人一齐向刘邦放箭，一支箭正好射中刘邦的胸口，伤势沉重，痛得他伏下身。主将受伤，群龙无首。若楚军乘人心浮动发起进攻，汉军必然全军溃败。猛然间，刘邦突然镇静起来，他巧施妙计：在马上用手按住自己的脚，大声喊道："碰巧被你们射中了！幸好伤在脚趾，没有重伤。"军士们听了，顿时稳定下来，终于抵住了楚军的进攻。

每临大事都应静气，而这静气首先来自胆识和勇气。胆识和果断是联系在一起的，遇事犹豫不决，顾虑重重，患得患失，谋而不断，甚至被敌人的气势吓倒，谈不上胆识！只有敢担责任，当机立断者，才能解危。

红军四渡赤水时，炮队拖着重炮行进在桥上，炮车陷进板桥中，道路堵塞，队伍不能前进。主将赶到，毅然下令将重炮推入江中，疏通了道路，大军顺利行进。那时，一门重炮对红军来说，简直是宝贝！可是，让它堵塞了道路，影响行军，有可能出现严重的后果，那就因小失大了。主将果断舍炮抢时间，这种临危决断的魄力，显示了他无与伦比的胆识。

当我们遇到突如其来的意外事件时，脑中通常会一片空白，要不就是大哭大叫，很少有人会笑得出来。

但是意外发生时，通常也是最需要我们立刻做决定的时候，如果没有冷静思考的头脑，就很难做出正确的决定。虽然做出好决定有很多方法，但在这种意外状况发生时，如果不能保持一颗冷静的心，其他一切的法则和技巧都派不上用场。只有冷静下来，才能看清眼前的事情，理出一个可以解决问题的头绪。

冷静是知识、智慧的独到涵养，更是理性、大度的深刻感悟。我们面对着一个高速变化的世界，我们必须具有人性的成熟美。否则，就是成功送到面前，我们还是难免在毛躁中遭遇失败。

风平浪静的海面，所有的船只都可以并驱取胜，但当命运的铁掌击中要害时，却只有大智大勇的人方能处之泰然。

要勇于迎难而上

实际上，冒险和成功常常是相伴在一起的，尤其是在竞争残酷的当今社会中，冒险精神更为竞争所必须。时代急速变化，旧的模式不能适应新的环境。经营上的逆境，随时都会出现，没有听过一帆风顺就能发财的。要经营制胜，就必须敢于冒险，敢于创新，否则就会寸步难行。

当然，冒险不等于不分清情况就莽撞，不等于一意孤行，在冒险中需有谨慎的态度。有了谨慎的态度，跌的跤肯定会少一些。当然，若是过分谨慎，在复杂多变的现代社会，处处谨小慎微，未免显得懦弱无能；不敢去做前人未做过的事，不敢去攀登前人未曾攀登过的高峰，当然也难以体验到冒险的刺激与成功的喜悦，结果只能是永远也不会有什么作为，甚至被时代所抛弃。

软弱的人要求永远不犯错，这正是什么也做不成的原因。就好像一封信始终不写因为还没想到恰当的措辞，万一永远想不起来，不是永远也写不成了吗？所以，我们需要改掉这种坏性格。

旅美华人谭仲英就是一个敢于在逆境中冒大险，成大功的人。谭仲英初到美国时，两手空空，吃了上顿没下顿，好不容易才在一家钢铁企业中谋上了一份销售员的工作，从此以后，他与美利坚的钢铁工业结下了不解之缘。

经过十年的苦心拼搏，到1964年，谭仲英建立了第一个属于自己的钢铁公司。不过，富有冒险精神的谭仲英并不满足于做个小老板，他接二连三地买下了许多破产公司，从此，他所经营的企业进入了蓬勃发展的新时期，到了20世纪80年代，他已取得了很大的成就。假如谭仲英没有一种敢于冒险的精神，他不可能在短短几年中，快步地入围美国最大的私营企业行列。他的成功，秘密就在于他那敢于冒险，敢为他人所不敢为的智慧和勇气，就在于他那心细、善于见机行事的作风。

在美国这样的一个社会，商场中的竞争尤为激烈，商场如战场，这里没有那种所谓完全没有冒险的生意。谭仲英的创业史表明，他的确是一个敢于冒险敢于花巨资购买倒闭公司和工厂的能手。谭仲英在事业上的巨大成就，不管其中冒险的成分有多大，隐藏在那大胆的作风背后，肯定有精心的谋划。这个冒险家绝不是那种头脑简单、莽莽撞撞，到处乱撞的鲁莽无谋的冒险家。从这一点上可以说他是胆大心细、有勇有谋。

1982年，美国工业出现了严重的衰退，粗钢产量大幅下降，只有6570万吨，比1981年减少40.1%。美国7家最大的钢铁工业公司的业务亏损总额在1982年的前9个月内超过了10亿美元。

居世界第七位的美国伯利恒钢铁公司，因亏损巨大，不得不在1982年底宣布永久关闭设在纽约州拉卡瓦纳和宾夕法尼亚州约翰斯顿的两个分厂，这一举动让近1万名工人失业。更为严重的是，伯利恒钢铁公司的下属麦克罗斯钢厂竟在一个季度内亏损了1亿美元。亏损如此惨重，麦克罗斯钢厂虽竭尽全力但仍无力回天，大钢厂前途巨测，4000多名员工面临即将失业的命运。在这种情况下，谭仲英经分析思量，冒着风险，买下了这个钢厂。这个冒险之举后来为他带来了丰厚的回报。

谭仲英不仅敢冒险收购即将倒闭的工厂，而且善于经营，把濒临破产的工厂扭亏为盈，随后，再以高价把工厂卖出，再做更大的投资。对谭仲英这种拿得起、放得下的经营作风，他的朋友威廉·马克曾这样进行评价，他说："谭仲英总是在葬礼上买下公司，而在婚礼时将它脱手出卖。"这段话可以说是既实在又风趣，然而就在这一买一卖的进出之间，充分展示了谭仲英的精打细算和勇于冒险精神。

在资本运作上，谭仲英也表现出他那种胆大心细，见机行事的作风。谭仲英每收购一家即将倒闭的公司，都向银行争取相当的贷款，并且用第一个公司作为抵押，再向银行争取贷款收购第二个公司；然后，又用第二个公司作为抵押向银行争取贷款收购第三个公司……如此不断地发展，终于使谭仲英拥有20个与钢铁有关的企业，跻身于大牌美国钢铁企业的行列当中。

上帝赐给每一个人的机遇都一样，但就像美丽的玫瑰花总带刺一样，机遇总是伴随着风险。

开创性的工作总是充满着风险，只有敢于冒险的人，才能在风险面前毫不畏惧，敢于开拓道路，敢于追求常人不敢追求的目标，才有可能取得常人所永远无法取得的成就。

机遇与风险并存

相信每一个人说过或者听人说过这样的话："我觉得这是个好机会，但风险太大，不敢轻易尝试啊。"没错，机遇和风险是并存的，不敢冒险又怎么能成功呢？美国有谚语"冒险里面有天才、勇气和魔法""勇气喜欢跟利益联姻"由此可以看到美国人的冒险精神。美国人崇尚"风险越大收益的绝对值越大"的经济学原理，在商业经营中喜欢冒险获取利润。没有冒险，巨大的成功来得总是太慢，利润越高风险越大。大凡成功者都有某种程度的赌性，"不入虎穴，焉得虎子"是他们创造机会的最佳写照。

美国管理大师约翰·科特说："经营者的每一项决策，每一次行为都既蕴含着成功的希望，也都隐藏着失败的可能。若是过分强调谨慎，那么，在市场上就会寸步难行。"美国人是天生的冒险家，他们凭着过人的胆识，抱着乐观从容的风险意识，在危险中自由地畅行，抓住机遇获得了巨大的成功。

冒险和成功常常是相伴在一起的。冒险的价值不仅仅是它可以把握机会，更重要的是这样的行动本身同样可以创造出机会。瞅准行情，大胆下注，财富便会滚滚而来。

美国纽约曼哈顿区的华尔街是世界著名的金融中心，世界最富有的街道和投机者向往的乐园。在华尔街的发展史中曾涌现出无数的风云人物，赫蒂·格林夫人就是其中一位赫赫有名的女性，她被誉为华尔街上的女巫。

格林夫人是个精明能干的女性，在马萨诸塞州继承了约 600 万美元的财产。她不想坐吃山空，更不愿过一般贵夫人养尊处优的生活，她要做一番轰轰烈烈的事业。于是她雄心勃勃地只身来到纽约，穿梭于股票交易所经纪人的办公室，开始了紧张的活动。

格林夫人衣着朴素，生活节俭，鼓鼓囊囊的手提包里常常带着充饥的粗面饼干，当然也有各种零零碎碎的纸片，显得着实可笑。然而，正是这个看来似乎古怪的行为后面，格林夫人总是暗暗地进行着百万美元的大宗买卖，表现出能同那些高明男子进行竞争的智慧和精力，也使许许多多其他的股票商望而生畏，甚至破产。

格林夫人在华尔街经过几十年辛苦奋斗，忍受了一般人难以忍受的打击和冒险，终于取得了成功。在她 1916 年去世时，财产从 600 万美元变成了 1 亿美元，成了美国最富有的女性之一。

在风险面前胆怯的人不敢去做前人未做过的事，当然也不会体验到冒险的刺激与成功的喜悦。结果是永远也不会有什么作为，甚至被时代所抛弃。商业经营上的成功常常属于那些敢于抓住时机、敢于冒险的人。

特朗普多年来一直关注着哈得孙河边的一个荒废了的庞大铁路广场。每次他经过这里时，都会设想能在那儿建什么。但是，在该城处于财政危机时，没有谁还有心思考虑开发这大约 100 英亩的庞大地产，那时候，人们认为西岸河滨是个危险去处。尽管如此，特朗普认为，要全面改观并非太难，人们发现它的价值只是时间迟早的问题而已。

1973 年，特朗普在报纸上的破产广告一栏中，偶然看到一则启事：说一个叫维克多的人负责出售废弃广场的资产，于是他打电话给维克多，说他想买 60 号街的广场。广场的事虽然最终未落实，但维克多提供了另一个信息：康莫多尔大饭店由于管理不善，已经破败不堪，亏损多年。特朗普却发现，成千上万的人每天上下班的时候，都要从饭店旁边的地铁站上上下下，绝对是个一流的好位置。

特朗普把买饭店的事告诉了父亲。父亲听说儿子在城中买下了那家破饭店，吃惊不小，因为许多精明的房地产商都认为那是笔赔本的买卖。特朗普当然也知道这一点，不过他耍了一些高明的手段，他一方面让卖主相信他一定会买，却又迟迟不付定金。他尽量拖延时间，他要说服一个有经验的饭店经营人一道去寻求贷款，他还要争取市政官员破例给他减免全部税费。

一切妥当后，特朗普终于买下了康莫多尔饭店，他重新做了装修，并把饭店重新命名为海特大饭店。新装修后的饭店富丽堂皇，楼面是用华丽的褐色大理石铺的，用漂亮的黄铜做柱子和栏杆，楼顶建了一个玻璃宫餐厅。它的门廊很有特色，成了人人都想参观的地方。

海特大饭店于 1980 年 9 月开张，开张后顾客盈门，大获其利，总利润一年超过 3000 万美元，特朗普拥有饭店 50% 的股权。

玫瑰在散发馨香的同时也生有尖刺；财富以诱人的面目出现时也伴有风险。不冒险当然不会有很大损失，但是也没有很大的收益，是否甘愿冒险去攫取利润取决于当事者的风险预期和对机会成本的选择优化。有人在风险面前驻足观望，有人却咬紧牙关迎头赶上；赶上者风光无限，观望者涎水三尺。勇气和胆量不同，结果也就不同。

因为美国人冒险的精神，所以人们常说世界的钱都装在美国人的口袋里，但美国人的钱却装在犹太人的口袋里。在中国有着"东方犹太人"之称的温州人却跟犹太人"抢起了饭碗"。据说，在法国，温商独有的做人、做事方法逐渐将犹太人挤出了市场，天下第一的犹太商人也惊叹：居然还有比我们更会做生意的人！

为什么温州人能够在短短的几十年里崛起呢？一个很大的原因就是他们敢于冒险。温州人常常将"平安二字值千金；冒险半生为万贯"作为自己的生意经。"敢为天下先"，敢于第一个吃螃蟹。他们认为：头道汤的味道最好，先人一步的生意最赚钱。事实证明：一分耕耘，一分收获；一分冒险，一分成就。温商的成功经验证实了一句话：唯冒险者得生存。

2000年初，上海的房地产市场比较低迷。但是，正是在这个时候，温州巨人商业发展有限公司董事长陈颂楠却果断地投资8000万元，买进了位于武宁路231号沪西工人文化宫门前的银宫商厦的6个楼面。许多人都为陈颂楠捏了一把汗，怕他投资失策。

实际上，陈颂楠早就对市场需求做了深入的分析。他认为，沪西商铺随着市政建设发展和人口的大量进入会越来越繁华。因此，只要根据沪西的人文特点营造一种休息娱乐的氛围，银宫商厦一定会成为新的商业中心。于是，他果断地引入"西门町"的经营理念，经营的货品以新潮服饰、鞋帽、箱包、玩具、礼品为主，同时设有餐饮、健身、休闲等设施，着力打造沪西商业时尚天地。

3年后，经过对商铺重新定位、装饰后，银宫商厦的招商活动进行得非常顺利。仅一楼到四楼14000平方米的400余个商铺，就卖出了 1.5 亿元，剩下的五楼和六楼最后成了公司的办公场地。

陈颂楠相信，风险在一定程度上控制在自己的手中，只要自己做好充分的市场调研，根据市场的需求做出准确的判断，适度地冒冒险才是成功的关键。

商场如战场，风险是必然的。无风险的事只能做得平平淡淡，没有大的起色。一旦看准，就要大胆行动，这是如今商界许多成功人士的经验之谈。冒险和出奇相连，出奇和制胜相伴，所以西方的谚语说："幸运喜欢光临勇敢的人。"冒险是表现在人身上的一种勇气和魄力，险中有夷，危中有利，倘要创立惊人战绩，就应敢于冒险。不冒险，怎么会有机会？

丹麦著名哲学家恺郭尔说过："冒险就要担忧发愁，但是，不冒险就会失落自己。"稳扎稳打，步步为营固然不错，但是求稳也不能失进取。事实证明，在做事过程中，特别是在做开拓创新的创业过程中，冒一些险是值得的。

敢冒险才能成功

对于每一个渴望成为卓越的人而言，在安逸与冒险之间，你应该选择后者。如果你有足够的勇气的话，就勇敢地投入到人生的激流中去，积极把握自己的人生吧！你在河流当中，可以选择较安全的方式，沿着岸边慢慢移动；也可以停止不动，或者在漩涡中不停打转。如果你有足够的勇气的话，你还可以接受挑战，用挑战来检测你的自信心。

摩洛是个善于挑战自己的人。他的非凡成就来自两次成功的拼搏，一次在 20 岁，另一次在 32 岁。

摩洛在 9 岁时随家人一起搬到纽约。在此之前，他的生活已是多姿多彩，比一般人丰富许多。由于家人都爱好音乐、喜剧，所以在这种环境的熏陶之下，几乎所有乐器摩洛都能演奏。他是一般人眼里的天才儿童——不到 10 岁，他便指挥过交响乐团；12 岁时，他从事鸡蛋专卖，做得有声有色，雇有 16 名少年为他工作；到了 14 岁，他独立组织了一个舞蹈团；高中毕业之后，他又投身新闻界担任一名采访记者，与许多新闻界的老前辈像班·希特、查尔斯、马卡沙等人一起工作；19 岁时，他曾获音乐奖学金，但由于举家搬至纽约，所以只好放弃此次进修的机会。

在纽约，摩洛在一家广告公司找到一份一周 14 美元的差事。对当时的情景，摩洛是这样回忆的："那时候我经常跑外勤，工作非常忙碌，成天像发疯似的，时间也过得特别快。6 点下班以后，我还到哥伦比亚大学上夜校，主修广告。有时候，由于工作尚未做完，所以下课后，我还会从学校赶回办公室继续完成的工作，从 11 点一直工作到第二天凌晨 2 点。"摩洛非常喜欢需要创意的设计工作，而他也的确做得有声有色。

20 岁时，摩洛放弃在广告公司内很有发展的工作与旁人梦寐以求的职位，决心自己创业。这便是他人生中的第一次拼搏。他放弃收入稳定、前途似锦的工作，完全投身于未知的世界，从事创意的开发。结果，成绩令人满意。

摩洛的创意主要是说服各大百货公司，通过 CBS 电视公司成为纽约交响乐节目的共同赞助人。摩洛本人认为此法十分可行，一方面，当时的百货公司业绩都不好，都希望能借助广告媒体提高形象与销售成绩；另一方面，在纽约交响乐节目的听众多达 100 万人，十分值得投资。于是，摩洛便立于其间帮两边牵线。

在当时，这种性质的工作对人们来说相当陌生，所以做起来困难重重。而且，要同时说服许多家独立的百货公司，分别采纳各公司的意见加以整合，这种事过去从未有人完成过，更别说要他们拿出几百万美元的经费来。所以，一般人预测他不可能成功。

尽管如此，摩洛仍然十分卖力地在各地进行说服工作。值得一提的是，这段时间内他没有任何收入。摩洛一次次鼓励自己，要勇于挑战这一切！结果可以这么说，在说服工作上他做得相当成功。他的创意大受欢迎，与许多家百货公司签订合约。另外，他向 CBS 电台提出的策划方案也顺利被接受。此后的 10 个星期，他干劲十足地与电视台经理一同展开一连串的系列广告活动。

计划眼看着就要步入最后的成功阶段，然而没有料到的事发生了，由于合约内某些细节未能达成，他的梦想也随之破灭。但"塞翁失马，焉知非福"，此事结束之后，CBS 公司马上来挖墙角，聘请他为纽约办事处新设销售业务部门的负责人，并支付高出以往 3 倍多的薪水给他。于是，摩洛又再度活跃起来，他的潜力得以继续发挥。

在 CBS 服务几年之后，摩洛再度回到广告业工作，但这次不是从基层做起，而是直跃龙门——他担任了承包华纳影片公司业务的汤普生智囊公司的副总经理。

那个时代电视尚未普及，与今日相比，仍处于摇篮期。但摩洛非常看好它的远景，认为电视必将快速发展，大有可为，便专心致力于这种传播媒体的推广。由公司所提供的多样化综艺节目，为 CBS 公司带来空前的大成功。

　　这便是摩洛人生中的第二次拼搏。为了它，他再次放弃原来可以平步青云的机会，走入另一个未知的世界。但这次冒险并不完全是孤注一掷，他是看准后才添上自己的"赌注"。最初两年，他仅是纯义务性地在"街上干杯"的节目中帮忙，没想到竟使该节目大受欢迎，以后连续多年被评为美国最受欢迎的综艺节目之一。从1948年开始到1988年，整整40余年的时间，它的播映从未间断，这是在竞争激烈的美国电视界内非常难能可贵的现象。除了节目成功之外，他被 CBS 公司任命为所有喜剧、戏剧、综艺节目的制作主任。

　　就这样，摩洛的两次冒险，两次游向激流中央，最后都获得了成功。有志之士应该以他为榜样，勇敢地接受人生中的每一次挑战，积极把握自己的人生。

第五章
沃尔森法则：掌握更多信息，才能赢在终点

　　沃尔森法则意味着：你能得到多少，往往取决于你能知道多少。也可以说，一个人能否获得成功，关键在于他是否掌握足够的知识和能力，能否抓住宝贵的机会。

了解对手才能赢

沃尔森法则认为：知己知彼，百战不殆，掌握知识很重要，了解对手的信息同样重要。否则，你连生存的问题都解决不了。

在非洲西北部的丛林里，生活着传说中的食人族，外界对之知之甚少。为此，一绿色和平组织招聘了一位叫汤姆的非常优秀的志愿者，他们交给汤姆两个任务：一是了解食人族，二是以志愿者自身所拥有的现代文明知识，感化食人族，尽可能将其拉入文明世界。

汤姆为这次考查做了精心准备，除必要生活用品外，还特意带上了手提电脑、相机等现代化装备——它们用来开启食人族心智，向他们打开精彩的世界之门。汤姆这次孤身的探险之行，取得了令人瞩目的成绩。他在进入密林的第三天，就遭遇了食人族，个头矮小粗壮，动作敏捷，他们对汤姆的行动很警惕，随时都有人小心翼翼跟着，却从不接近。

汤姆利用相机拍下一些照片，通过手提电脑传回来，立即吸引了所有人的目光，大家都关注着事件的进展。

一个星期后，汤姆似乎与食人族建立了联系，他在发回来的文章中说"这些人开始接近我，显得很神秘，我们之间无法进行语言交流，但我想，通过努力，我能够得到他们的信任，并成为其中的一员。"

接下来的文章中，汤姆表现得非常自信："我正试着让他们看电脑上的图片——天空的飞机、纽约的大楼，甚至还有三点式美女，我希望通过这些，让他们知道，这个世上还有许多地方比丛林更漂亮美丽。"

"我给他们玉米、大豆的种子，打着手势对他们说，如果种植的话，它们会带给你们欣喜，你们再不用担心食物的不足了。"

又过了半个月，汤姆的文章突然有了转变，似乎信心不足起来。

"除了对美女图片表现出一定的好奇外，他们对飞机、大楼这些代表着人类文明进步的东西根本没有兴趣……他们将我给的种子，全部吃掉了……我决定逃离这里，因为我感觉到了危险，他们看我的目光越来越充满饥饿感。"

大家的心开始揪紧，都希望汤姆能够顺利逃出来。仅仅一天，汤姆发回了最后一篇文章。

"我现在离出口大约还有两天的路程，但可能无法走出去了，食人族已团团围住了我，他们的眼里，露出了野兽才有的光。

"原来以为，我可以凭借自己的知识，帮助他们走出丛林，开始一种新的文明的生活，但现在我终于明白，这是一个严重的错误，他们需要的不是文明，而是食物。

"我的知识属于现代社会，但在这片一眼望不到边的丛林中，它们毫无用处，于食人族来说，我不能够帮他们在干渴时找到饱含水分的果实，也不能够在他们饥饿时去发现哪块泥土之下，会有块茎状食物，我的最大价值不是头脑中的知识，而是身上的肌肉——他们可以美美大吃一顿了。"

文章戛然而止，汤姆再没有文章发回来。在人们的强烈呼吁下，该组织专门成立了一批救援人员去丛林寻找汤姆，他们到达汤姆最后发文章的地方时，发现了他的骨头残骸，手提电脑扔在不远处，零件撒了一地，紧靠的一棵大树下，躺着电脑的外壳，食人族没有拿走它，因为实在没什么用，即使用来挡雨，也没有随便摘下的一片芭蕉叶强！

在现实生活中，一个人的能力再强，知识再丰富，但在面临新的对手时，首先要做的是了解他们而不是试图改变他们。知己知彼百战百胜，如果你不了解对手，那么即使你拥有再多的知识也可能毫无用处，而且极有可能被"吃"掉。

站在对手立场想问题

常言道，知己知彼百战百胜，而了解对手最好的方法就是站在他的角度上想问题。

有一头猪、一只绵羊和一头母牛同住在一个畜栏里，彼此相安无事，和和睦睦的。

有一天，主人来捉猪，猪拼命反抗，大声地嚎叫。绵羊和母牛都非常讨厌猪的嚎叫，它们觉得猪太吵、太影响别人了。于是对猪说："主人也常常来捉我们，我们也从来不反抗，你怎么大呼小叫的，有这么大的反应呢？"

猪答："主人捉你们，只不过是取走你们的毛跟奶，主人捉我是要我的命啊！你们说我能不嚎叫，不反抗吗？"

绵羊和母牛哑口无言！

不站在别人的角度思考问题，是没有办法理解他人的难处和感受的！因此，对于他人的失意、挫折与伤痛，我们不应该幸灾乐祸。

下面的故事说的也是同一个道理：小羊请小狗吃饭，它准备了一桌鲜嫩的青草，结果小狗勉强吃了两口就再也吃不下去了。过了几天，小狗请小羊吃饭，小狗想：我不能像小羊那样小气，我一定要用最丰盛的宴席来招待它。于是小狗准备了一桌上好的排骨，结果小羊一口也吃不下去。

小羊和小狗本都是好意的，可实际上只是考虑到自己的需要，并不知道对方的需求，所以引起了一些误会和笑话。

可以这样说，如果一个人不会从别人的角度考虑问题，将来他在社会中的发展就可能受到限制。

罗伯森·沃尔顿是沃尔玛公司的创始人。

一个星期日，正是店里顾客盈门的时候，沃尔顿像往常一样，换上便服，装扮成一个购物者的样子，到店里来巡查。

他来到销售鞋子的柜台前，看到一位老妇人正在试一双鞋子。为了让顾客试鞋的时候更方便一些，店里专门给试鞋的顾客准备了可以改变高度的升降椅。这样，顾客可以根据自己的感觉调节升降椅的高度，使自己在试鞋时更舒服一些。老妇人坐的椅子有些高，她年纪大了，弯腰很不方便，显然她不知道椅子的高度是可以调节的，但表情懒散的售货员显然没有帮助她改变椅子高度的意思。老妇人试鞋的时候感到很吃力，索性放弃了购买。

下班之后，沃尔顿把这名员工叫到自己的办公室，问她："今天上午你为什么没有帮助那位老妇人把椅子调整得更舒服一些呢？"

员工显然没有想到总裁会因为这件事责备自己，她辩解说："可是，我觉得她并没有什么不舒服啊？"

沃尔顿想了想，他取来一把升降椅，把椅子调得很高很高，然后对这位员工说："既然这样的话，你亲自试一下。"

员工坐在高高的升降椅上，做出试鞋的动作，她费了很大力气才能够弯下腰去，试鞋就更费力气了。这时，她的脸一下子红了。

我们经常遇到沟通不畅的问题，这往往是因为所处不同的立场、环境所造成的。

一位十几岁的少年去拜访一位年老的智者。

他问：我如何能变成一个自己愉快，也能够给别人愉快的人呢？

智者笑着望着他说："孩子，在你这个年龄有这样的愿望，已经是很难得了。很多比你年长很多的人，从他们问的问题本身就可以看出，不管给他们多少解释，都不可能让他们明白真正重要的道理，就只好让他们那样好了。"

少年满怀虔诚地听着，脸上没有流露出丝毫得意之色。

智者接着说："我送你四句话。第一句话是，把自己当成别人。你能说说这句话的含义吗？"

少年回答说："是不是说，在我感到痛苦忧伤的时候，就把自己当成别人，这样痛苦就自然减轻了；当我欣喜若狂时，把自己当成别人，那狂喜也就变得平和一些？"

智者微微点头，接着说：第二句话，把别人当成自己。

少年沉思了一会，说："这样就可以真正同情别人的不幸，理解别人的需求，并且在别人需要的时候给予恰当的帮助？"

智者两眼发光，继续说道："第三句话，把别人当成别人。"

少年说："这句话的意思是不是说，要充分地尊重每个人的独立性，在任何情形下都不可侵犯他人的核心领地？"

智者哈哈大笑："很好，很好，孺子可教也！第四句话是，把自己当成自己。这句话理解起来太难了，留着你以后慢慢品味吧。"

少年说："这句话的含义，我一时体会不出。但这四句话之间有许多自相矛盾之处，我用什么才能把它们统一起来呢？"

智者："很简单，用一生的时间和精力。"

少年沉默了很久，然后叩首告别。

后来少年变成了壮年，又变成了老人。再后来在他离开这个世界很久以后，人们都还时时提到他的名字。人们都说他是一位智者，因为他是一个愉快的人，而且也给每个见到过他的人带来了愉快。

在竞争中，对手也是我们的朋友，只有学会站在对方的角度思考问题，才能更好地了解他，在竞争时保持优势。

知识需要不断更新

沃尔森法则认为，不断学习是保证知识和信息持续有效的重要方式。在知识经济的时代，知识更新的速度变得越来越快，周期变得愈来愈短。人类有 90% 的知识都是在近 30 年内产生的，而知识的半衰期却只有 5~7 年。而且，人的能力就像电池一样，随着使用时间而逐渐流逝。所以，对于每个人来说，都需要不断地进行"充电"。

靠学校学的知识来应付一辈子，已经根本不可能了。面对竞争如此激烈的社会，知识的更新速度也日益加快。如果要适应这个世界的变化，就必须拥有终身学习的观念。"活到老，学到老"的观念随着时代的变迁会逐渐被我们所接受。那些"抱残守缺"和知识陈旧的人，注定会被社会所淘汰。

那么，我们该如何应对和适应这种变化呢？最适当的办法就是不断学习。

在当今的社会中，人们为选择不同的生活方式付出代价、为保持个人独立付出代价，这种代价就是生活不再安逸悠闲。一切事物都在变化，所以必须学习适应变化。一切事情都不是绝对的，所以必须学习应对不稳定因素，学会做决策。

我们如果想出类拔萃，善于学习是必备的基本素质。换句话说，但凡人生出色的人必然是一个善于学习的人。

历史上有名的汉武大帝刘彻就是一个特别善于学习的人。

西汉以来，北方匈奴强大，不断在边境掳掠滋事，汉朝一直以和亲政策来换取和平。

汉武帝时期，匈奴边患越发猖獗。匈奴人生长于草原，可以在马背上喝水、吃饭甚至睡觉，平日的生活就是与骑马、射猎紧密相连的。一旦发生战争，他们很快便能进入角色，而汉军则不善骑射，用兵前还需训练，人马的默契也不够。与匈奴决战，汉军即使兵多将广也占不到任何便宜。

汉武帝决心重创匈奴，在即位后，一方面改变军事战略，变防守为主动出击，另一方面抓紧向匈奴学习。

在兵器上，汉武帝首先认识到汉军兵器不如匈奴的坚韧，遂派张骞出使西域寻找匈奴炼成精钢刀的配方。

在队伍整编上，积极备战，任用匈奴人做教练，训练汉军在马背上的作战能力，熟悉匈奴的战法。

在行军上，第一次大规模讨伐匈奴前，汉武帝示意汉军的装备效仿匈奴，全部轻骑上阵，粮食和水均以马驮。在首次讨伐时，虽然四路大军只有一路告捷，但是汉军行军速度得到前所未有的提升，汉军开始适应这种战法。

在战术上，汉武帝部署河朔战役时，示意卫青效仿匈奴人擅长的长途奔袭战。这一战，卫青以4万军队对10万军队，取得了汉朝有史以来对匈奴真正意义上的大捷。卫青所属军队，夜行五百里，连匈奴将领都不得不承认汉军在这方面的能力已经与匈奴军队没有多少区别了。

汉武帝的学习是卓有成效的，在与匈奴的较量中，汉军不断提升战斗力并重创匈奴，有效巩固了边防，而汉武帝刘彻也成长为一个中国历史上继秦始皇以后又一个著名的皇帝。

不断学习从某种意义上就是增强了自己的竞争力。一个人只有不断学习，才会在竞争中脱颖而出，取胜对手。

说到终生学习的态度，有很多名人都是我们学习的榜样。例如，鲁迅先生就给我们树立了一个典范，他在临终前的一个小时还在写文章呢。华人首富李嘉诚的习惯就是每天晚上都要看书学习，而且这个习惯已经坚持了几十年。

著名教育学家闵维方教授曾说："成功既需要不断地学习，做好素质准备，还要有机遇。但根本还是要学习，没有学习来的知识是不可能抓住机遇的。学习不仅能改变个人的命运，还关系到一个民族、一个国家的命运。学习的重要性是怎么强调都不过分的。我们的民族要想真正实现复兴，就必须成为一个善于学习的民族。而且，一个人只有在不断学习的时候，他才会知道自己的不足。一个人要想有成就，就必须把他的知识面打开。只有这样，他才会得到成功，才会显得有品位。"

时代在发展，社会在变革，除了变化是不变的，什么都在发生变化，而要适应这种变化，就需要我们不断学习，更新我们所掌握的知识和资讯。

让知识"活"起来

在沃尔森法则看来，知识和信息只有被灵活运用才能发挥其作用。

在古罗马和古希腊有两个著名的演说家，一个叫西塞罗，一个叫狄莫西尼斯。每当西塞罗的演讲结束时，听众都一起鼓掌并大叫："说得真好，我又学到了新的知识！"每当狄莫西尼斯的演讲结束时，听众都转身就走："说得真好，让我们开始行动吧！"

著名学者吉米·洛恩说过："世界上有两种人，他们都在同一本书上读到吃苹果有益于健康的知识，其中一个说：'我学到了知识'，另一个二话不说，直接走到水果摊前买了几斤苹果。"吉米·洛思认为买苹果的人是真正的聪明人，因为他们能够学以致用。而那些"学到了新的知识"却不懂运用的人，充其量只是一个书呆子。你见过哪一个有钱人是书呆子吗？

人不能为了学习而学习。学习是让自己丰富，更让自己变得灵活、机智。在这个世界上，完全相同的事情绝对不会重复出现。因此，当面临一种新的状况时，谁也不能把以前所学的东西，原封不动地运用上去。学习到的东西，只能给人以知性的感觉。而学习正是为了锤炼知性，使知性更加敏锐。敏锐的知性可以抓住瞬间的机会，预见未来的趋势，洞悉细微处的微妙变化；把握宏观而抽象无形的东西。学习的目的，便是培养这种洞若观火的洞察力。

知识只有在运用时，才能产生力量。一个人不能为了学习而学习。在提出"知识就是力量"的口号以后，培根又做了补充，他说："学问并不是各种知识本身，如何应用这些学问，乃是学问以外的、学问以上的一种智慧。"这也就是说，有了知识，并不等于有了与之相应的能力，运用与知识之间还有一个转化过程，即学以致用的过程。

如果你有很多的知识，但却不知如何应用，那么你拥有的知识，就只是死的知识。鲁迅说，"用自己的眼睛去读世间这一部活书"，"倘只看书，便变成了书橱，即使自己觉得有趣，而那趣味其实是已在逐渐硬化，逐渐死去了"。死的知识不但对人无益，不能解决实际的问题，而且还可能出现弊端和害处，就像古代纸上谈兵的赵括一样，无法避免失败的结局。因此，我们在学习知识的时候，不但要让自己成为知识的仓库，还要让自己成为知识的熔炉，把所学的知识在熔炉中加以消化、吸收。

被世人称为"魔术师"的发明家爱迪生，自幼家境贫穷，小时候在学校只读了三个月的书。但是，他却从小就具有非常强烈的好奇心，凡事总爱问个"为什么"。

他热爱科学，尤其是喜欢做各种各样的实验。在当报务员期间，他发明了一架改进的自动收报机，并获得了 4 万美元的报酬。

为了"揭示大自然的奥秘，并以此为人类造福"，他辞去了工作，专门从事科学研究。为此，他常常每天都要工作一二十个小时，他从来都不闲着，每当解决了一个问题以后，他便会去研究另一个问题。

他的每个发明，都需要多次的反复实验。例如，他花了一年多的时间及精力，选择一种既能发光又不会很快就被氧化掉的灯丝材料，试验的材料竟达 1600 多种。他于 1879 年 10 月发明了"白炽发光的电灯"，使"世界发光"的电灯出现在世人的面前，当时他年仅 32 岁。

在他 84 年的生命岁月中，爱迪生的重大发明数不胜数，在专利局登记过的发明就有 1328 种。他先后对电报、电话进行了改进，并发明了油印机、蜡纸、留声机、电车、电影等。他的发明，不但改进了人们一些日常生活的方式，并且受到了世人的崇敬。

科学在不断向前发展，人们也有层出不穷的问题需要面对，需要进行探索，求得解决。也只有这样，才能为人类的知识宝库增添更多的精神财富。这也是我们之所以强调读书与实际相联系的原因之一。

读书与致用有着密切的联系，从某种意义上来说，读书就是为了更好地致用。如果读书不重视致用，不重视联系实际，那么也就失去了价值和意义。我们一再强调读书要与实际相结合，就是因为"知识来源于致用"。

那些给你知识，使你更聪明的书，并不会直接地生产出知识来，它之所以能够给你知识，就是因为它是一个科学性的概括，是一个对学以致用的总结性记载。

强调读书要与实际相联系，还因为书本知识的正确与否，须通过致用来对其进行检验，也就是人们常说的"实践是检验真理的唯一标准"。书中的知识需要人们对其兼收并蓄，这样才不会造成读书效率的下降和认识上的混乱。

只有把读书联系到实际中，把从书本之中学到的知识，在联系实际的过程中做一下检验，看看是否能经得起致用的考验。

学习知识是为磨炼智慧而存在的。假如只是收集很多的知识而不消化，就等于食而不化，徒然堆积了许多书本而不用，同样是一种浪费。同时，学习也应该是一个怀疑、思考和提高知识的能力过程。

一个人的知识越多, 懂得越多, 就越会发生怀疑, 就越觉得自己无知。而怀疑正是学习的钥匙, 能开启智慧的大门。求知的欲望, 正是不懈学习、探求的动力, 而怀疑会让自己不断进步。

好的问题, 常会引出好的答案。好的提问和好的答案, 同样重要。问题提得出人意料, 答案也常常是十分深刻的。没有好奇心的人, 不会产生怀疑, 思考就是由怀疑和答案共同组成的。所以, 智者其实就是知道如何怀疑的人。

人没有理由对什么事都确信无疑。怀疑一旦开始, 疑点便愈来愈多, 循着怀疑的线索去追寻答案, 就可以解答很多的迷惑。

但过分的思考, 则易使行动迟缓。的确, 犹豫是非常危险的, 人们必须在最适当的时候, 遂下决断, 否则便会坐失良机。只有适时而大胆地行动, 才能掌握胜利; 否则, 临阵踌躇不决, 将会丧失战机。

质疑是获取信息的前提

在沃尔森法则看来, 会提问, 才能学到更多的知识, 掌握更多的信息。事实证明, 那些成就最高的人并不是学习成绩最优的, 但一定是最善于思考, 不停提出自己疑问的人。有疑问的地方就有机会, 抓住疑问就能抓住机会。

巴甫洛夫是俄国生理学家, 被人们誉为"生理学无冕之王"。1904 年, 因为在消化系统研究上做出的贡献而获得诺贝尔生理学及医学奖。

巴甫洛夫的父亲是一个神父, 在当地很受人们的尊敬。在小巴甫洛夫的心目中, 父亲很了不起, 能解除人们心灵的痛苦。于是, 他曾经一度希望自己长大后成为像父亲那样的人——用神赋予的力量去解除别人的痛苦。这也是家里人对他的期望。因此，他进入一所神学院学习。

但是，有一件事使他对上帝和神学产生了怀疑。

一次，父亲被人请去做祈祷，巴甫洛夫缠着要去。这次，父亲是给一个快要死去的孕妇做临终祈祷。孕妇因为消化不良快要死去了。她的肚子很大，痛苦得在床上大声呻吟。看到这种情景，巴甫洛夫静静地站在一个角落里，听着父亲祈祷，希望父亲的祈祷能解除病人的痛苦，甚至能让这个孕妇和她的孩子活下来。但是。父亲的祈祷并没有起到作用。孕妇和那个未出世的孩子一起死了。

从病人家里出来后，他问父亲："爸爸，您能让她的病好吗？"

"不能。"爸爸回答。

"那有人救得了她吗？"

"那是医生的责任。我只拯救她的灵魂，她和自己的孩子去见上帝了，从此以后不会再有痛苦了。"

对于父亲的话，巴甫洛夫似懂非懂。他想：上帝为什么不让她在这个世界上多待几天呢？她死前为什么这样痛苦呢？"那是医生的责任"，父亲的话一直在脑子里盘桓。

巴甫洛夫的父亲读书的兴趣很广泛，他除了读神学书籍，也喜欢非宗教神学内容的书刊，其中有各种自然科学的著作，也有民主主义者的革命刊物，为此，他被当地的教徒教士们指责为"自由思想家"。

父亲的嗜好给孩子树立了榜样。父亲的破书架成了巴甫洛夫接触社会与自然知识的起点。十三四岁时，巴甫洛夫在家中的破书架旁广泛阅读了俄国的许多进步书刊，使他的知识大增，眼界大开，思想上也发生了很大的转变，他开始崇尚自然科学与民主精神。

15岁时，巴甫洛夫在旧书架上翻到了英国生理学家路易斯的一本著作《日常生活的生理学》，这本通俗读物中的内容深深吸引了少年巴甫洛夫。激起了他对生理学的极大兴趣。从此，巴甫洛夫便和生理学结下了不解之缘，他将那本小册子像藏宝贝一样珍藏了一生。

巴甫洛夫决定放弃神学，改学生理学。当他把这个决定告诉父亲时，开明的父亲并没有因为儿子有违自己的初衷而斥责他，相反，父亲十分尊重他的选择。

"这样也好，那等你在神学院毕业后再转学吧！"父亲建议说。

"我不能浪费时间了，爸爸，我有很多事情亟须知道。"巴甫洛夫坚定地回答。

"你亟须知道些什么呢？"父亲问。

"我特别想知道，人体的构造是怎样的。"

"你为什么想要知道人体的构造呢？"

"为了帮助人，使人类变得更健康、聪明而又幸福。"巴甫洛夫热烈地回答。

"你很有胆量，你的想法更是勇敢。这个理想你能实现得了吗？"父亲关切地问。

"我已经下定决心了，爸爸，我会下苦功夫的。"

父亲明白儿子的话是经过深思熟虑的，于是立即站起来，高声说："好吧，爸爸祝你成功！"

一个穷教士家庭，就这样培养出一个科学巨人！

疑问很多时候是一刹那的灵光闪过，粗心的或者懒惰的人则将疑问抛诸脑后，细心的人则抓住不放，发现了宇宙万物更多的奥秘。疑问或许会让你的学习进度暂时缓慢，但攻克难题后你会发现前面是一片光明。

1921年，印度科学家拉曼在英国皇家学会上做了声学与光学的研究报告，取道地中海乘船回国。甲板上漫步的人群中，一对印度母子的对话引起了拉曼的注意。

"妈妈，这个大海叫什么名字？"

"地中海！"

"为什么叫地中海？"

"因为它在欧亚大陆和非洲大陆之间。"

"那它为什么是蓝色的？"

年轻的母亲一时语塞，求助的目光正好遇上了一旁饶有兴味倾听他们谈话的拉曼。拉曼告诉男孩："海水之所以呈蓝色，是因为它反射了天空的颜色。"

在此之前，几乎所有的人都认可这一解释。这一解释出自英国物理学家瑞利勋爵，这位以发现惰性气体而闻名于世的大科学家，曾用太阳光被大气分子散射的理论解释过天空的颜色，并由此推断，海水的蓝色是反射了天空的颜色所致。

但不知为什么，在告别了那对母子之后，拉曼总对自己的解释心存疑惑，那个充满好奇心的稚童，那双求知的大眼睛，那些源源不断涌现出来的"为什么"，使拉曼深感愧疚。作为一名训练有素的科学家，他发现自己在不知不觉中丧失了男孩那种到所有的"已知"中去追求"未知"的好奇心，想到此，他不禁为之一震！

拉曼回到加尔各答后，立即着手研究海水为什么是蓝的。结果他发现瑞利的解释实验证据不足，令人难以信服，遂决心重新进行研究。

他从光线散射与水分子相互作用入手，运用爱因斯坦等人的涨落理论，获得了光线穿过净水、冰块及其他材料时散射现象的充分数据，证明出水分子对光线的散射使海水显出蓝色的机理，与大气分子散射太阳光而使天空呈现蓝色的机理完全相同。进而又在固体、液体和气体中，分别发现了一种普遍存在的光散射效应，被人们统称为"拉曼效应"，为20世纪初科学界最终接受光的粒子性学说提供了有力的证据。

1930年，地中海轮船上那个男孩的问号，把拉曼领上了诺贝尔物理学奖的领奖台，成为印度也是亚洲历史上第一个获得此项殊荣的科学家。

海水为什么看起来是蓝色的呢？苹果为什么是向下掉而不是向上飞呢？……一个又一个的问号成就了科学的辉煌。科学是不能马虎敷衍的，它需要不断质疑和探索，严谨求证。而学习正是需要这样敢于质疑权威和大胆求证的精神。

借助别人的力量获取信息

沃尔森法则认为，别人的经验和智慧是不可多得的宝贵财富。有些人之所以成功，并不是因为他们自身有多优秀，而是因为他们善于将其他优秀者的智慧和力量结合起来。三人行必有我师，每个人的身边都有许多可以学习的人，只要把他们身上的优点加在一起，必然能够做成一番事业。

美国的史宾赛开始创业时，经营着一家规模很小的鞋厂，全部雇工加起来就十几个人。后来，史宾赛为工厂的出路提出一个设想，那就是改革皮鞋款式，追赶市场潮流。如果不断有新产品、新样式上市，从而引起顾客的注意，那么，鞋厂的前途必然就会好起来。

于是，史宾赛把所有的雇工召集在一起，要求他们各尽所能设计新款皮鞋。他还专门制定了奖励制度，凡是所设计的新款鞋样被工厂采用者，均奖励 1000 美元。重赏之下，必有勇夫，不出一个月，史宾赛就收到了很多种设计的草样，其中不乏很有创意的设计。他和那些熟练的老工人一起研究挑选了几个晚上，终于选定了三个款式别致的鞋样作为试制品。而且，第二天他便在全体工人的面前把奖金分别发给了这三个工人。

史宾赛将这三个新样式的鞋分别制了 1000 双，然后立即送往各个大城市进行推销。都市人群早已穿厌了那些式样单一、颜色暗淡的旧式皮鞋，忽然看见了这些样式新颖的皮鞋，眼前为之一亮，仿佛看见了一个新的世界，于是争相购买。不出几天，这几千双样品就被抢购一空。

一星期后，史宾赛的工厂收到了如雪片般飞来的订货单，总数达 2000 多份。史宾赛捧着这沉甸甸的订货单，知道自己的心血并没有白费。

有了市场做后盾，史宾赛的工厂日益壮大起来。几年之后，史宾赛已经拥有了十多家颇具规模的皮鞋制作工厂了。

俗话说："一个篱笆三个桩，一个好汉三个帮。"善于发现别人的智慧，并能够合理地加以利用，是成功者的法则，也是人与人之间共同发展的主旋律。

陈安之在他的《超级成功学》里谈道："成功有三种方法：一是帮成功者做事；二是与成功者共事；三是请成功者为你做事。"如果你觉得有必要培养某种你欠缺的才能，那不妨主动去找具备这种特长的人，请他参与相关团体。三国中的刘备，文才不如诸葛亮，武功不如关羽、张飞、赵云，但他有一种别人不及的优点，那就是巨大的协调能力，他能够吸引这些优秀的人才为他所用。能让别人的才能为我所用也是一种才能，而且通过这种渠道结识的人，也将成为你的伙伴、同事、专业顾问，甚至变成朋友。能集合众人才智的人，才有茁壮成长、迈向成功之路的可能。

一个人，不管他的能耐有多大，他的智慧和才能都是有限的。唯有借助他人的能力和智慧，取长补短为我所用，才等于找到了成功的力量。聪明的人善于从别人的身上汲取智慧的营养补充自己。从别人那里借用智慧，比从别人那里获得金钱更为划算。借助别人的智慧解决和处理问题，往往收到的是事倍功半的效果。

小信息带来大成就

一个好的机会，总是不会被多数人遇到，因为他总隐藏得很严实，不易被很多人发觉，不然，那就不算是一个好机会。好机会所透露的信息总是很微小的，一般人不会发现它。

十几年前，斯科鲁只是一家公司地位不高的小职员，平时的工作是为上司干一些文书工作。跑跑腿，整理整理报刊材料。工作很是辛苦，薪水也不高，他总琢磨着想个办法成大事。

有一天，他在经手整理的报纸上发现这样一条介绍美国商店情况的专题报道，其中有段提到了自动售货机。

上面写道："现在美国各地都大量采用自动售货机来销售商品，

这种售货机不需要人看守，一天24小时可随时供应商品，而且在任何地方都可以营业。它给人们带来了方便。可以预料，随着时代的进步，这种新的售货方法会越来越普及，必将被广大的商业企业所采用，消费者也会很快地接受这种方式。前途一片光明。"

斯科鲁开始在这上面动脑筋，他想：日本现在还没有一家公司经营这个项目，将来也必然会迈入一个自动售货的时代。这项生意对于没有什么本钱的人最合适。我何不趁此机会走到别人前面，经营这项新行业。至于售货机销售的商品，应该是一些新奇的东西。

于是，他就向朋友和亲戚借钱购买自动售货机。他筹到了30万日元，这一笔钱对于一个小职员来说不是一个小数目。他一共购买了20台售货机，分别将它们设置在酒吧、剧院、车站等一些公共场所，把一些日用百货、饮料、酒类、报刊等放入自动售货机中，开始了他的事业。

不久，这一举措果然给他带来了好运。斯科鲁的自动售货机第一个月就为他赚到了100万日元。他再把每个月赚的钱投资于售货机上，扩大经营的规模。五个月后，斯科鲁不仅还清了所有借款，还净赚了2000万日元。

斯科鲁在公共场所设置自动售货机时，为顾客提供了方便，受到了欢迎。一些人看这一行很赚钱，也都跃跃欲试。斯科鲁看在眼里，敏锐地意识到必须马上制造自动售货机。他自己投资成立工厂，研究制造"迷你型自动售货机"。这项产品外观特别娇小可爱，为美化市容平添了不少光彩。

斯科鲁的自动售货机上市后，市场反应极佳，立即以惊人之势开始畅销。斯科鲁好又因制造自动售货机而大发了一笔。

成大事的人要有鹰一般的眼光、敏锐的头脑，不放过任何一个微小的信息，才能在别人注意不到的细节中发现机会，借机会成就自己的好运。

我们再来看一个故事：

美国德州有座很大的女神像，因年久失修，当地政府决定将它推倒，只保留其他建筑。这座女神像历史悠久，人们都很喜欢它，常来参观、照相。推倒后，广场上留下了200多吨废料，也不能挖坑深埋，只能装运到很远的垃圾场去，至少是花25000美元。

斯塔克知道这个消息，来到市政有关部门，表示愿意承担这件苦差事。他说，政府不必花25000美元，只需给他20000美元就行了。他可以完全按要求处理好这批垃圾。

政府当然很乐意这样做。

斯塔克请人将大块废料解成小块，进行分类：把废铜皮改铸成纪念币；把废铅废铝做成纪念尺；把水泥做成小石碑；把神像帽子弄成很好看的小块，标明这是神像的著名桂冠的某部分；把神像嘴唇的小块标明是她那可爱的红唇……装在一个个十分精美而又便宜的小盒子里，甚至朽木、泥土也用红绸垫上，装在玲珑透明的盒子里。

斯塔克将这些纪念品出售，小的1美元一个，中等的2.5美元，大的10美元左右。最贵的是女神的嘴唇、桂冠、眼睛和戒指等，15美元一个，都很快被抢购一空。

结果，斯塔克从一堆废物中净赚了12.5万美元。

这是一个信息时代，要获得好运，必须想方设法获得更多的信息，哪怕是一个微小的信息，也不能放过！

第六章
蝴蝶效应：小动作引发大风波

　　"一只南美洲亚马孙河流域热带雨林中的蝴蝶，偶尔扇动几下翅膀，可以在两周以后引起美国得克萨斯州的一场龙卷风。"1963年，美国麻省理工学院的洛伦兹教授提出："一只南美洲亚马孙河流域热带雨林中的蝴蝶，偶尔扇动几下翅膀，可以在两周以后引起美国得克萨斯州的一场龙卷风。"这即所谓的蝴蝶效应。后来，它常被用在社会学界，用来说明：一个坏的微小的机制，假如不及时地引导、调节，会给社会带来非常大的危害。

失之毫厘，谬以千里

蝴蝶效应是指一件表面上毫无关系的、相当微小的事情，随着时间和条件的改变，经过不断放大，对其未来状态会造成巨大的改变。

换而言之，事物发展的结果对初始条件具有极为敏感的依赖性——初始条件的极小偏差会引起结果的极大差异。

这一效应源于美国气象学家洛伦茨 20 世纪 60 年代初的发现。在《混沌学传奇》与《分形论——奇异性探索》等书中，对于蝴蝶效应，洛伦茨做出了如下描述：

1961 年冬的一天，我在皇家麦克比型电脑上进行关于天气预报的计算。为了考察一个很长的序列，我走了一条捷径，没有令电脑从头运行，而是从中途开始。我把上次的输出结果直接打入作为计算的初值，不过由于一时不慎，无意间省略了小数点后六位的零头。然后，我穿过大厅，下楼去喝咖啡。

结果，一小时后，待我回来时，电脑上发生了出乎我意料的事。我发现，天气变化同上一次的模式迅速偏离，在短时间内，相似性完全消失了。进一步的计算表明，输入的细微差异可能很快成为输出的巨大差别。这种现象被称为对初始条件的敏感依赖性。在气象预报中，我把这种情况称为"蝴蝶效应"。

这一效应说明，事物在发展过程中既有发展规律可循，同时也存在着不可预测的"变数"。从心理学角度分析，这一效应说明，在生活中，微小偏差是难以避免的，如同打台球、下棋及其他人类活动，常常存在"差之毫厘，失之千里"或"一招不慎，满盘皆输"的现象——每个人似乎都秩序井然地按照各自的轨迹生活着，然而，往往一个细微的变化却改变了一个人一生的命运。

愤怒产生连锁反应

每个人都有愤怒的时候。愤怒是一种正常的情绪，不过通常来说它对人的影响还是不严重的，只不过是一种正常情绪。但是当它失控而且变得具有破坏性时，它能导致你在工作、人际交往甚至一切生活中出现问题。而且，它还会让你感觉到你正被一种无法预见的、强大的情绪所控制。

愤怒情绪如同一匹野马，一旦转化成行为，就可以会严重伤害自己和他人。生活中，我们经常会看到有些人因为一些不足挂齿的小事而发怒，做出不该做的事，引起恶性斗殴，甚至导致人命案子的发生，最后锒铛入狱，事后常常后悔不已。

一天，一对年轻的小夫妻因一些琐事发生了争吵。妻子气愤之际，将家里的锅碗瓢盆砸了个遍，还不解气，最后又把厨房里平时给老公煲汤的汤锅、蒸饭的饭煲、炒菜的锅统统砸坏了。最后她决定，拿着两个人辛辛苦苦积攒多年的 10 万元现金出去挥霍。丈夫见妻子砸了东西又出去挥霍，心想：你不过了，我也不过了。于是，他不但不加阻拦，反而抢过几万块钱出去买昂贵的西服、吃大餐。当两人购物、吃大餐回来之后，气也消了大半，有和好的趋势。回到狼狈不堪的家后，两个人都后悔了，短短一天的时间，再想着多年的血汗就被挥霍得差不多了，两个人立刻又被气成了充满气的皮球。

这对夫妻的遭遇既让人气愤，又让人心生出同情。愤怒很容易带给我们各种遗憾。人在愤怒的一瞬间智商接近于零，需要半个小

119

时甚至更长时间才能逐渐回升至正常水平。因此，愤怒中的人很容易变得愚蠢。有的事情，头脑清醒的时候绝对不会做。而怒火中烧时却会做得理所当然。内心的怒火熄灭，我们甚至都不知道怎么会做出这样的事情。愤怒常常会吞噬理智，让我们做出悔之晚矣的事情。这些悔之晚矣的事情可大可小，甚至有的人因为愤怒而剥夺自己和他人的生命。因此，无论什么时候都不能轻易发怒。

陶帅的脾气一向不怎么好，一天夜里，他来到市中心的一家火锅店门前，天气寒冷，他打算吃顿火锅。可是到了火锅店后，他发现火锅店里的人很多，犹豫了一下，他还是走了进去，点了一些蔬菜和羊肉，随即就坐在桌子边拿起酒喝了起来，一边喝一边等着。可让他没想到的是，等了半个小时也不见服务员给自己上菜，就连比自己后来的人都涮上锅了，他不由得怒火中烧，怒气冲冲地把服务员叫过来训斥了一顿。店里本来就忙，再加上店员只是二十出头的年纪，正是血气方刚，听到他的训斥一脸的不耐烦，转身去给他搬锅加汤，加汤的时候故意用力，汤汁溅在陶帅新买的毛衣和脸上，他再一次冲着服务员怒吼！服务员听他出口说脏话，便回击两个人的言辞越来越激烈，到最后竟然大打出手了，陶帅居然将邻桌那烧沸了的汤锅倒在了服务员的头上，服务员的面部毁容，最后法庭以"故意伤害罪"对陶帅做出判决。

一个人面部毁容，一个人坐了牢，起因只是上菜这么点小事，罪魁祸首是失控的愤怒情绪。愤怒一种失控情绪，经常会让人丧失理智，做出不计后果的言行，最终让自己深受其害。所以，在日常生活中，当你被激怒时，千万不能轻易发火。谁如果轻易做了怒气的俘虏，谁的生活就会变得不幸，最后为自己的愚蠢买单。

率性直言的厄运怪圈

直率的人往往不懂得掩饰自己的情绪，也不管时间场合，对象是否适当，更不理会讲话的后果，心里有啥就说啥，想说啥就说啥。而且，说出话来不讲究方式方法，往往是采取最直露的表达方式，甚至不乏尖锐刻薄。这样的人最易得罪他人，往往使对方下不了台，结果自己也最易招人记恨，使自己陷入孤立状态。

当你逞一时之快，而不论在什么时候都一吐为快时，想想你锋利的语言之箭是否伤害到自己或他人。

某甲是一公司的中级职员，他的心地是公认的好，可是一直升不了职。和他同年龄、同时进公司的同事，不是外调独当一面，就是成了他的顶头上司。另外，别人虽然都称赞他好，但他的朋友并不多，不但下了班没有应酬，在公司里也常独来独往，好像不太受欢迎的样子……

其实某甲能力并不差，也有相当好的观察、分析能力，问题是，他说话太直了，总是直言直语，不加修饰，于是直接、间接地影响了他的人际关系。

在古时候，也有人因为说话太过直率而丢掉了性命。

明朝开国皇帝朱元璋年少时是个放牛娃，交了很多穷朋友。公元1368年他称帝建立明朝后，不忘旧情，总喜欢找昔日的朋友叙叙童年趣事。

一天，朱元璋在皇宫偏殿内接见一位从乡下来的穷朋友。叩拜

121

完毕，这位穷朋友见朱元璋的容貌与小时没有多大变化，加之皇上对自己似乎挺热情，激动之余，便有些忘乎所以。当朱元璋问起"我们有何交情"时，该人直通通地回答："皇上，你不记得我们吃豆的事了？从前你我都替人家放牛。有一天我们在芦花荡里把偷来的豆子放在瓦罐里清煮——还没等煮熟，大家就抢着吃，罐子也打破了，豆子撒了一地，汤也都泼在泥地上。你只顾满地抓豆子吃，不小心连红草叶子也送进嘴里，叶子卡在喉咙里，噎得你直流眼泪。还是我出的主意，叫你吞青菜叶子，才把红草叶子带下肚去……"还没等他说完，朱元璋早就不耐烦了，大怒道："什么放牛、吃豆，全是一派胡言，分明是想攀结官家。来人，将此人推出去斩了！"

俗话说："一句话说得人跳，一句话说得人笑。"为什么有的人讲一句话能让人"跳"？就是因为他说话直白生硬给别人带来不良刺激，给自己也带来或大或小的麻烦，就像这个故事里的"穷朋友"，原本有望谋得一官半职的"穷朋友"，却稀里糊涂地送了命。其实这个故事给人的启示，与其说是朱元璋薄情寡义、翻脸不认人，还不如说不会说话的人必定不受欢迎。由此可见，话说得太直率，不顾及他人的脸面，让别人感到非常难堪，必然引火烧身。

"穷朋友揭皇上短被杀"这件事，让朱元璋的另外一个穷朋友知道了，他想，"这个老兄也太莽撞了，我去拜见他，定能大富大贵。"于是，他也来到京城看望他小时候的朋友——当今的皇上。

见过皇帝后，这个人便说："皇上还记得吗？当年微臣随着您的大驾，骑着青牛扫荡芦州府，打破了罐州城，汤元帅在逃，你却捉住了豆将军，红孩儿挡在了咽喉之地，多亏菜将军击退了他。那次出兵我们大获全胜啊！"朱元璋认出了眼前之人是孩提时的朋友，听他把自己当年的丑事说得含蓄而又动听，顿觉脸上有光，不禁大笑。又想起当年大家饥寒交迫有难同当的情景，心情一激动，就把来人留在了自己的身边——加封他御林军总管之职。

很明显，后来的"穷朋友"懂得避讳直言，更懂得"借题发挥"。你看，他将一件无趣甚至低俗的事说得多么妙趣横生、引人入胜：芦花荡变成了"芦州府"，瓦罐成了"罐州城"，煮豆的汤汁成了"汤元帅"，豆子成了"豆将军"，红草叶子成了"红孩儿"，青菜叶子成了"菜将军"。立刻使当年饥寒交迫、乞丐般的苦难岁月，变成了"金戈铁马、攻城略地"的"光辉记忆"。脸上被贴足了"金"的朱元璋，怎能不"龙颜大悦"而对来人大加封赏呢？

现在，人们虽然不必为说话直白而担心人头不保——谁也不会再为说话冒犯某位达官贵人而付出生命的代价。然而，直言易惹祸的箴言还是适用的，人们总要面对各种错综复杂的关系，头头脑脑秉性各异，率性直言的人往往自取其辱、自取其祸。

忧虑导致连锁反应

你曾经有过杞人忧天的经历吗？比如：假设有一天早晨起得太晚，你不禁会想："糟糕！起得太晚了，一定会碰上大塞车，上班肯定会迟到。如果到得太晚，老板肯定会对我不高兴；要是他气炸了，说不定会要我走人。万一我失业了，房屋贷款，还有一大堆等着支付的信用卡账单该怎么办？要是不能及时找到工作的话，不但信用破产，房子也会被查封。房子如果没了，我要往哪儿去？没钱又没地方可去，我一定得挨饿，搞不好还会横死街头呢！而这些都是起因于今天这么晚起！"

也许你会觉得这一路推演下来未免太夸张了点，没错，是稍嫌夸张了点，不过，类似这样的杯弓蛇影你绝不会没有过。为了明天会更好，每个人无不战战兢兢地过活，谁都害怕今天所有的一切明天会幻化成泡影，所以，这样的恐惧感就油然而生了。

虽说适当的恐惧感可以成为促使我们奋发向上的动力，没有了它，大多数的人就失去了激发自己向上的原动力，也就是没了奋斗动机。但是，过度恐惧却不是一件好事，只会让我们成天忧心，久而久之成了习惯，甚至于内化成个人的性格，变成无事不忧、无事不虑，反而绑手绑脚，让你什么事也做不了。

汉里斯是波士顿史帝芬大饭店的总裁，然而，他却因为常常忧虑发愁而得了胃溃疡。有一天晚上，他的胃出血了，被送到芝加哥西比大学的附属医院里。在医院里，有三个医生对他进行会诊，其中有一个是非常有名的胃溃疡专家。他们一致认为汉里斯是"无药可救了"。他在医院里只能吃苏打粉，每小时吃一大匙半流质的东西，把里面的东西洗出来。

这种情形一直持续了好几个月。最后，汉里斯对自己说："汉里斯，如果你除了等死之外没有什么别的指望了，不如好好利用你剩下的这一点时间。反正最坏的也不过是死，而你现在没死，还应该做点什么。"

汉里斯一直想在死前环游世界，于是他决定马上行动。但他告诉医生他的计划时，他们都大吃一惊。医生们警告他说，如果他开始环游世界，就只有葬在海里了。"不，我不会的。"

汉里斯回答说："我已经答应过我的亲友，我要葬在我们老家的墓园里，所以，我打算把我的棺材随身带着。"

汉里斯真的去买了一具棺材，把它运上船，然后和轮船公司安排好，万一他死去的话，就把尸体放在冷冻舱里，一直到回到老家的时候。于是汉里斯开始踏上了旅程。

在旅途过程中，汉里斯抛开了一切忧虑，专心享受着最后的时光。渐渐地他不再吃药，也不再洗胃了。不久之后，他任何食物都能吃了，甚至包括许多奇奇怪怪的当地食品和调味品。几个礼拜过去后，他甚至可以抽长长的黑雪茄，喝几杯老酒。多年来汉里斯从来没有这样享受过。甚至后来遇见台风他也没有为此忧虑过。

汉里斯在船上和不同的人玩游戏、唱歌，晚上聊到半夜。当船航行到印度后，汉里斯发现回去之后要处理的事情，和在这里见到的贫穷与饥饿比起来，简直像是天堂与地狱之比。因此，他停止了所有无聊的担忧，觉得非常舒服。

回到美国后，他几乎完全忘记自己曾患过胃溃疡。他马上回去工作，并且开始期待每一天的到来，此后他再也没有犯过病。

汉里斯的经历告诉我们：忧虑是一剂自杀的慢性毒药，克服忧虑的最好医师只能是自己。只要我们不放弃希望，希望也不会放弃我们。

我们应该相信自己，因为在这世上，每个人都是独一无二的，所以你该相信自己。那为什么你会是这世上独一无二的呢？因为你所做的事，别人不一定做得来；而且，你之所以为你，必定是有一些相当特殊的地方——我们姑且称之为特质吧。而这些特质又是别人无法模仿的。

既然别人无法完全模仿你，也不一定做得来你能做得了的事，试想，他们怎么可能给你更好的意见？他们又怎能取代你的位置，来替你做些什么呢？所以，这时你不相信自己，又有谁可以相信？

况且，每个来到这个世上的人，都是上帝赐给人类的恩宠，上帝造人时即已赋予每个人与众不同的特质，所以每个人都会以独特的方式来与他人互动，进而感动别人。要是你不相信的话，不妨想想：有谁的基因会和你完全相同？有谁的个性会和你一毫不差？

基于这种种重要的理由，我们相信：你有权活在这世上，而你存在这世上的目的，是别人无法取代的。

不过，有时候别人（或者是整个大环境）会怀疑我们的价值，所谓三人成虎，久而久之，连我们都会对自己的重要性感到怀疑。请你千万千万不要让这类事情发生在你身上，否则你会一辈子都无法抬起头来。

被铁钉毁灭的王朝

1485 年，英王理查三世与亨利伯爵在波斯沃斯展开决战。这次战役将决定英国王位最终花落谁家。战前，马夫为理查三世备马掌钉。不过，由于这些天来铁匠一直忙于为国王军队的军马钉马掌，铁片已用尽。怎么办呢？铁匠请求说，可否等一下，自己马上去取铁片。

可是，马夫却等不及了，他不耐烦地催促道："国王要打头阵，等不及了！"无奈之下，铁匠不得不找来一根铁条，将其截为四份，然后加工成马掌。当钉完第三个马掌时，铁匠又发现钉子不够了，于是请求去找钉子。急性子的马夫生气地说："上帝啊，我已经听见军号了，我等不及了。"

铁匠说："你可听好了，现在缺少一颗钉，马掌是不会牢固的。""那就将就一下吧，不然，国王会降罪于我的。"说完，马夫就急急忙忙牵着马匹走了。

战斗开始了，国王查理三世一马当先，勇猛地率军冲锋陷阵。然而，就在战斗进行得如火如荼时，不幸发生了——他的坐骑突然"马失前蹄"，向前一扑，国王随即也栽倒在地。随后，这匹惊恐的战马脱缰而去。结果，国王的意外受伤让士兵们士气大落，他们纷纷调头逃窜，溃不成军。很快，伯爵的军队就将受伤的国王围住了。绝望中，查理三世挥剑长叹："上帝，我的国家就毁在了这匹马上！"国王查理三世就因为第四个马掌少了一颗钉子——如此一个看似不起眼的问题，竟然招致一场大战的全面失败，这正是蝴蝶效应的绝佳证明。后来，民间流传的一首歌谣也形象地道出了蝴蝶效应的巨大影响力：

少了一颗铁钉，掉了一只马掌。

掉了一只马掌，失去一匹战马。

失去一匹战马，败了一场战役。

败了一场战役，毁了一个王朝。

同样的道理，一个微小的错误会招致巨大的灾难，也会形成全球性的恐慌。

2003年，美国发现一宗疑似疯牛病案例，刚刚复苏的美国经济因此遭受了一场破坏性很强的"飓风"袭击——扇动"蝴蝶翅膀"的，就是那头倒霉的"疯牛"。受到冲击的，首先是总产值高达1750亿美元的美国牛肉产业和140万个工作岗位，而作为养牛业主要饲料来源的美国玉米种植业和大豆种植业也受到波及，其期货价格呈现下降趋势。但是，最终，推波助澜地将"疯牛病飓风"的影响发挥到最大的，还是美国消费者对牛肉产品出现的信心下降。

在全球化的时代，这种恐慌情绪不仅造成了美国国内餐饮企业的萧条，甚至扩散到了全球，至少11个国家宣布紧急禁止美国牛肉进口，连远在大洋彼岸的中国广东等地的居民都对西式餐饮敬而远之。

这些事例说明，那些看似不起眼的小问题、小错误，甚至可以成为决定成败的关键。无论是工作中还是生活中，都可以从蝴蝶效应给我们的启示中吸取教训：无论做人还是做事，都要注重细节，练就一双善于把握事物变化轨迹的慧眼，学会透过现象看到本质。与此同时，也要注意从身边的人与事中，从各种信息中捕捉、提炼有效信息，从初萌芽的征兆中推测未来的发展、变化，从容应对不可控却对生活影响至深的事件……

细节决定成败

成大事的人和不能成大事的人之间的差别，往往就在一些细小的事情上，并且正是因为这些细小的事情，决定了不同的人具有不同的命运。

下面就来看一个青年人是如何得益于细节的：

一天，一个老妇人刚走出家门就遇到了倾盆大雨，行人们纷纷进入就近的店铺躲雨。她也蹒跚地走进一家百货商店避雨。因为被雨淋湿了衣服，她看上去略显狼狈，再加上简朴的装束，所有的售货员都对她心不在焉，视而不见。

突然，一个年轻人诚恳地走过来对她说："夫人，我能为您做点什么吗？"老妇人莞尔一笑："不用了，我在这儿躲会儿雨，马上就走。"老妇人随即心神不定起来，因为她觉得不买人家的东西，却借用人家的屋檐躲雨，似乎不近情理。于是，她开始在百货店里转起来，希望可以买个头发上的小饰物来为自己找个心安理得的理由。

正当她犹豫徘徊时，那个小伙子又走过来说："夫人，您不必为难，我给您搬了一把椅子，放在门口，您坐着休息就是了。"两个小时后，雨过天晴，老妇人向那个年轻人道谢，并向他要了张名片，就颤巍巍地走出了商店。

之后，这家百货公司的总经理詹姆斯收到一封信，信中要求将这位年轻人派往苏格兰收取一份装潢整个城堡的订单，并让他承包自己家族所属的几个大公司下一季度办公用品的采购订单。詹姆斯惊喜不已，却不知道这个给了他巨大利润的人是谁。

后来，他方才知道，这封信正是那天在商店避雨的老妇人，而这位老妇人正是美国亿万富翁"钢铁大王"卡内基的母亲。

詹姆斯马上把这位给老妇人搬椅子的叫菲利的年轻人，推荐到公司董事会上。毫无疑问，当菲利打起行装飞往苏格兰时，他已经成为这家百货公司的合伙人了。

不久，菲利就凭借自己的实力成为美国钢铁行业仅次于卡内基的富可敌国的重量级人物。

有谁能说这不是他细心的回报呢？有谁能说这不是细节带来的

结果呢？

同样的小事情，有心的人做出大学问，不动脑子的人只会来回跑腿而已。别人对待你的态度，就是你做事情结果的反应，像一面镜子一样准确无误，你如何做的，它就如何反射回来。

商人赚了一大笔钱，正骑着马行驶在归家的途中。离家不远了，这时仆人发现马的后掌蹄铁上掉了颗钉子。

"管他呢，反正只有六个小时的路程了。"商人一边说，一边赶着马向前跑。

中途休息的时候，仆人又一次报告商人："马右后腿的蹄铁已经掉了，是不是给它重新安一个呢？"

"算了吧。"商人回答，"我现在正赶时间呢。反正只剩三个小时的路程了，马应该能挺过的。"

走了没多久，马开始一拐一拐的。拐了没多久，马的脚浸出了血水，它终于一跤跌了下去，折断了腿骨。

商人只好下马和仆人背上背包步行回家。等他气喘吁吁地快回到家里时，已经深夜了，因为天黑看不见路，商人和仆人不小心摔死在家门口的悬崖下。

事实上就是这样，小事决定命运。小的错误或过失如果不及时改正，就会慢慢酿成无法弥补的大错。所以说，一个人命运的好坏，往往会取决于他对小事的关注。

不要因小失大

在这个物欲横流的世界，能够抵挡住诱惑实在不容易，但你只需记住：没有天上掉馅饼的事，天下不会有免费的午餐供你享用。有的时候一点小利足以让你摔个大跟头。在这个纷繁复杂的大千世界，不会有那么多的好事降临到你头上，如果你觉得某些东西来得太容易，幸福来得太快的话，那你可就要当心了，或许你已经落入了别人精心设计的圈套。

现在农村里的年轻人，大多都不愿意守着那一亩三分地的薄田，过着面朝黄土背朝天的日子，都喜欢出去打工，闯世界。为了过不一样的日子，小王从老家来到了珠海打工。

他很幸运，很快就找到了一份让人羡慕的工作：给一个大老板看管仓库。与种田相比，这份工作不仅轻松，每个月挣的钱还比种田一年的收入都要高，而且还管吃管住。小王自然是很满意，干活也起劲。分内分外他都认真做好。由于在农村风吹雨打惯了，小伙子一不怕苦，二不怕脏，三有好身板。每次老板来检查时，他都在卖力地干活，不是在协助工人搬运货物，就是满身污泥地赶在台风来临前对仓库的屋顶进行加固。总之，老板看见他时，他都在辛勤地工作。老板看见小伙子工作很踏实，因此对他的印象很好。

老板有一个女儿，总是找不到合适的对象。所以老板有意要小王倒插门。老板对小王也并非知根知底，所以还有待考察。先是有意识地让小王跟自己到外面订货，还给小王找了一名副手，一起看管仓库。刚开始小王还以为自己要被炒了，可是一次次地一起出差、一起吃饭，住同样的酒店，而且每次老板还夸自己做得不错，让小王打消了被炒掉的担忧。

一切都因 700 块钱结束。

中秋节上，老板想介绍女儿和小王认识，就请小王到他家做客，还说可以帮小王弄个珠海的户口，放他两天假回家迁户口，资金问题老板帮忙解决。晚上老板就留小王住下了，或许这也是考察的一部分。一时小王也睡不着，洗漱完毕就翻了翻报架上的杂志。没想翻出 700 元钱，700 元钱对一个农村小伙子来说可是个不小的数字，相当于是半个月的工钱。小王在放回去还是放自己口袋之间徘徊了很久，最终还是没有抵挡住诱惑。第二天小王就当什么都没发生，离开老板家。

回家迁户口还算顺利，农历八月十七小王就赶回了珠海。但月底却又卷着铺盖回乡了。

原来，他回到珠海后，先去了工作单位，但是仓库里却是另外两个人，他的助手也不在了，同事对他也都是爱搭不理的。回到宿舍，锁也被换了。想找老板问个究竟，却找不到老板的人，这下小王明白了，是自己被炒了。接下来找工作也不如意，好像所有招工的都与老板认识一样。钱花得差不多的时候，他自己也觉得实在没有必要再在这里待下去了，只好心不甘、情不愿地回乡下了。终日的闷闷不乐也由此开始。

700 块钱对于老板来说算不了什么，可是这却说明了小王是个爱占小便宜的人。贪小利是做人的大忌，是人格上的缺陷。一个大老板敢让一个贪小利的、人格不健全的人做女婿吗？谁敢保证以后自己不会遭到背叛。为了700元钱，小王可以说是一无所有了，这个教训实在够他后悔一生。

事情的成败往往都取决于一些小事，700元钱可以让你失业，一个打火机也可以：

韩斌是个才毕业的大学生，学习成绩很不错，在校期间也经常参加一些社团活动，但是总找不到合适的工作，不是自己看不上就是人家不要。无奈之下他找到了自己的舅舅，请他帮忙给自己找份工作。没过几天，舅舅打电话过来，说他正在跟一个当地小有影响的建筑公司老板喝茶，让他赶紧过来和老板见个面。听到这个好消息，韩斌很兴奋，穿戴整齐后就匆忙赶到茶馆。老板问了韩斌几个建筑方面的专业知识，他都能对答如流。老板很满意。之后又上了一壶龙井……

见过面后，韩斌自我感觉不错，心想这回一定没问题。之后的几天，韩斌一直在等着公司的录取通知，可是总没有消息，他等不及了就打电话问舅舅，舅舅说他不用等了，人家公司不同意招他。韩斌顿时愣住了，问了句"为什么"？舅舅很生气地说，这还不全怪你自己？记得最后那壶茶吗？那个礼品打火机是不是你拿了？"韩斌说："是啊，那个又不是什么精品，不值几个钱，他一个大老板也不缺这种东西，所以我就拿了。"就是因为这个，舅舅说，老板说你的专业知识还行，就是爱占小便宜，这是处事大忌，人家老板是不会找一个爱贪小便宜的员工的。

煮熟的鸭子就这样飞了，这次工作又没了希望。

对大老板来说，700块钱不算什么，一个打火机也不稀罕，但是"贪小"却会让人反感。在中国的传统观念里，逢光必沾、斤斤计较、爱贪小便宜的人是不受欢迎的。无论是什么时代、什么社会、什么国家，贪婪的人都是小人，遭人唾弃。

两则故事中的主人公，都是因为一点小利而失去了更为重要的东西，所以，别为一点利失去一片天。

微小善念改变一生

我们在生活中常常会遇到一些好心人，他们会给你指路，他们会给你提供便捷，他们也会帮助你走出困境。就是这么一些小感动慢慢地汇集在一起，才能让你感受到这个社会的温暖，也明白生命的含义。

成功的路上并不孤单，因为你会遇上很多好心人，他们会用自己的经验和教训教诲你，那条通往成功的路该怎么走。不过前提是你必须心存善意，否则没人会愿意帮助一个将来会危害社会的人。

以前有个贼跑到了一户人家偷东西，没想到刚一进门就灯火通明，贼被逮个正着。但是家里的男主人却没有惩罚他，而是问贼："你为什么要偷东西啊？"贼回答："食不果腹，迫不得已。"男主人又问：假如你有粮食了你是不是就不会偷东西了？贼点了点头！这时候，男人拿出一袋粮食，贼感动得直接跪在地上痛哭，发誓再也不做偷鸡摸狗的事情了。临走的时候，主人还拿出来一个坛子，告诫他不到迫不得已，不要打开。

十年之后，一个非常成功的商人来到这户人家，商人一眼便认出眼前的老翁正是当年赠予他粮食的主人，眼眶泪水不止，连忙拜谢。他告诉众人，当年他没过多少日子就把老翁赠予他的粮食都吃完了。这时候，他又想起去偷，忽然想起老翁给他的坛子，发现坛子里有一张纸条和两锭银子。纸条上是这么写的：难道你想偷一辈子吗？拿上银子去谋生吧。他看后非常惊讶，原来当天男主人就看穿了他今后还会再去偷，可是仍然给了他一个机会。于是他发奋拼搏，拿上男主人给他银两到外地去做生意，从此成为一个富有的商人。

所以说，每一个人都不要轻易放弃自己，因为上天不会轻易放弃任何一个人。商人要不是感受到这个世间的温暖，他可能依旧还是个靠偷鸡摸狗过日子的人。男主人给他的心里种下了一颗善良的种子，这个种子在他的心里生根发芽，也让他成为一个善良的人。

当然，这个商人重重地报答了这份恩情，使老翁一家人从此都过着衣食无忧的日子。这则故事并不是告诉大家授人恩惠，就要索取报答，而是当遇到一些需要帮助的人时，伸出自己的援手，做一些力所能及的事情，让这些失落的人感受到世间的温暖，把善意传播给他人。

我们可能不会是一个救世主，但是我们如果把爱传播到身边，那么这个社会终会变成一个充满正能量的地方。每个人在受挫的时候，不要轻易气馁，因为身旁有很多的热心人，能够很好地帮你重新站起来，再次追寻自己心中的理想。

第七章

吉尔伯特法则：看不到危机，才是最大的危机

　　吉尔伯特法则认为：真正的危险，是没人跟你谈危险。有远见的人往往能接受批评，在批评声中不断成长。

听得进批评是人生智慧

皇帝得了重病，复原的希望非常渺茫。他把大臣召集在一起，对他们说："我想要知道你们对我的看法。你们认为我是一个怎样的皇帝？你们要对我说实话，不能有丝毫的隐瞒。这样，我会赏给你们每人一颗宝石。"

大臣们一个接着一个地走到皇帝的宝座前面，都夸大其词地对皇帝大加赞扬。轮到一位智者时，他对皇帝说："我宁可不发言，因为真理是买不到的。"

"要是这样的话，那我就不给你任何报酬，你只管说出你的想法。"皇帝说。

智者看了看皇帝，不慌不忙地说："陛下，请允许我告诉您我对您的看法：您和我们每个人一样，有着许多的弱点和缺点。您犯的错误导致了很严重的后果：事实上，全国人民因赋税沉重而怨声载道。我认为您为修建宫殿、举办宴会等方面花费太多。"

对于智者的批评，皇帝非常震惊，他陷入了沉思之中。最后，他赏给大臣们每人一颗宝石，同时他任命那个智者为宰相。

次日，那些溜须拍马的人来到皇帝面前，说："陛下，那个卖给了你这些宝石的商人应该被吊死，因为你送给我们的宝石都是假的。"

"这个我知道，不过我要告诉你们的是，那些宝石跟你们的话一样，都是假的。"皇帝回答说。

　　这个皇帝是个听得进批评的人，也是他身为君王的大智慧。锋利的宝剑，都是在石头上磨出来的；越是挑剔、严厉的人，对我们的帮助越大。如果生活中没有人批评我们，我们受不了一点委屈，那才是真正可怕的事。

　　长颈鹿盖了一座高大挺拔的豪宅，森林里的动物纷纷去参观，个个都称赞："这房子，真气派！"山鸡见状，非常羡慕，连忙回家，将自己的草屋拆掉，费尽力气修了与长颈鹿同样高大气派的房屋，以为这样自己就会变成凤凰。

　　房子盖好后，所有的动物都前来祝贺。当大家赞叹时，山鸡很是得意。

　　冬天到了，山鸡住在自己冰冷的家中，缩成一团。不过，只要有人来看房，它便装作一副轻松愉悦的模样。

　　这时山雀来了，见屋内很冷，便劝道："不要总为别人活，要为自己活，爱慕虚荣，最吃苦的是自己！"

　　山鸡非但不听，反而振振有词地教育山雀："山雀毕竟是山雀，你总跳不出自己的圈子，目光短浅，怎么能成大事，应当不断追求卓越！"

　　天气一天天变冷，山鸡一天天挨冻，但它只要一想起别人的赞美，便又无怨无悔，最终冻死在赞美声中。

　　别人的赞美固然可以增长信心，但总是活在赞美中，甚至为了赞美而生存，难免会失去自己。为虚荣和名利所累，会给人生增添许多不必要的负担，也更容易从中迷失自己。认清自己，为真实而活，才能建立起自己真正的荣誉。

放下面子才能正视批评

有一只猫总是把自己吹嘘得很了不起,对于自己的过失却百般掩饰。

它捕捉老鼠的本领还不太精,经常会让老鼠从自己的嘴边逃掉。对这种情况,它说:"我看它太瘦,先放走它,等以后养肥了再说。"它到河边捉鱼,鲤鱼用尾巴狠狠地劈头盖脸打下来,把它的脸打肿了,它却装出笑容说:"那是我不想捉它,捉它还不容易!我就是要用它的尾巴洗把脸。刚才到阁楼上去玩儿,我的脸弄得太脏了!"

一次,它掉进泥坑里,浑身糊满了污泥。同伴们惊异地看着它,它连忙解释道:"我最近身上长了一些跳蚤,用这办法治它们,最灵验不过了!"后来,它掉进了河里,同伴们打算救它,它说:"你们认为我遇到危险了吗?不,我太热了,想洗个澡……"话没说完,它就沉下去了。这时有同伴说:"不好了,它沉下去了,我们快救它吧!"

"走吧,"另一只猫说,"我们一片好心,到时候又要被当成驴肝肺。一会儿它肯定会说它在表演潜水。"可是那只说谎话的猫再也没有机会为自己辩解了,它沉下去就再也没有上来过。因为能力不济,而吹嘘自己以壮声威,只能使自己的处境更加难堪。一个人能够坦然面对自身的缺点和错误,这是智者的心态;如果不肯承认自身的缺点和错误,百般撒谎掩饰,最终将会毁了自己。

在很早的时候，森林里的鸟儿都不会唱歌。直到有一天，从很远的地方飞来了一只很会唱歌的云雀。它的歌声那么婉转动听，感动了森林里所有的鸟。

所有的鸟一致要求云雀教它们唱歌。经不住所有鸟儿的苦苦恳求，云雀答应了。

开始教歌的第一天，云雀首先教音符。它教一声，大家就唱一声。教了一会儿，云雀为了检验学生们的学习情况，让它们一个个地站出来单独试唱。第一个点的是乌鸦。乌鸦忸忸怩怩地站了起来，不好意思地低声发出了声音。因为它的羞涩，发出的音符走了调，大家一下哄堂大笑了起来。这一来乌鸦羞得脸红脖子粗，它暗地里想："哎！多丢人呀！丑死了！"

云雀制止了大家的笑，为了更准确地纠正乌鸦的发音，它请乌鸦大声再唱一遍。乌鸦却想："这不是存心丢我的面子吗？我才不愿再丢丑呢！"它一声也不吭，愤怒地飞走了。从此再也不接受云雀的邀请。云雀后来又让其他的鸟来唱。其他好多的鸟在最初几次发音也走了调，大家也同样地嘲笑了它们，但那些鸟儿却都没有像乌鸦那样飞走，而是总结经验，认真听从云雀的指导，耐心地学了下去。

后来，森林里其他的鸟儿都学会了唱歌，声音悦耳动听，唯独乌鸦到现在还不会唱歌，偶尔叫喊几声仍然是当初走调的声音，飞到哪里都受人厌弃、被人赶走。死要面子的人是学不到本领的。虚心向他人求教，耐心学习，才是做好自己的正确途径。

正视批评才能自我反省

美国著名总统林肯说"世人都喜欢赞扬"，但我们在学习、生活、工作中，因种种原因谁都难免一辈子不受批评。这样，我们就会面临一个问题——怎样对待批评？

古人有云：良药苦口利于病，忠言逆耳利于行。意思是说，一味特苦的药往往是最好的药，它虽然味苦，但有利于治病，别人的忠言也许有些逆耳，却有利于修正自己的不良行为。别人的批评就是苦味的良药，逆耳的忠言，我们千万不可小觑。如何对待别人的批评不仅可以体现出一个人的襟怀，还可以检验一个人的处世原则和综合素养。

其实，批评和表扬一样，是人健康成长、获得成功不可缺少的因素。表扬能给人以鼓舞，也能使人飘飘然；批评使人一时受挫，但更能使人体会到跌跌的滋味，在清醒和自省中成熟。陈毅同志说："难得是净友，当面敢批评。"可以这么说，批评本身就是一种爱，而且是一种高层次的爱，"小批评小进步，大批评大进步，不批评就退步"讲的就是这个道理。能得到他人的批评不是一件坏事，说明他人对你寄予厚望，他人的"逆耳忠言"，无非是希望你尽快成熟起来。从批评者的角度讲，真正要做到"拉下脸"去批评一个人、批评一件事，并不是件很容易的事，甚至要经过激烈的思想斗争和深思熟虑，同时也说明他是一个心怀坦荡的人，是一个富有责任感的人，是你人生中的良师和益友。因此，我们必须真诚欢迎，不能虚以应付。

俄国文学家托尔斯泰说过："只有什么事也不干的人，才不臻于犯错误。"因此，对每个人来说，都有一个怎样坚持真理、修正错误的问题。批评就好比医生给病人治病，是针对人们思、言、行上存在的"病灶"进行的，目的是要把病治好。有缺点毛病的人受到批评后，就会在思想上引起震动，促其认识错误、吸取教训、改掉毛病，进而变成一个健康的、有益于社会的人。

所以，我们如果有了过错，受到批评，甚至处分后，不要一蹶不振，要勇于承认错误、改正错误，并从错误中接受教训，重新振作精神，以最好的状态投入到生活中。

接受批评使人进步

春秋时期，赵简子有个家臣名叫周舍。这是一个很正直、刚正不阿的人。

有一次，他有事找赵简子，可赵简子嫌他卑微，不肯接见他，于是他就在赵简子的门前站了三天三夜，不肯离去。

赵简子派人问他："你有什么事要见我？"

周舍说："我要做一个正直敢言的家臣，笔上蘸饱墨汁，手拿简牍，跟在您的身后，观察到您的过错就记录下来。每天都有记录，每月都有成果，一年以后就能见到实效。"

在我国古代，历朝历代都有设置史官的制度，帝王的一言一行，史官都随时记录，然后作为秘密档案封存起来，作为后世修史的资料，帝王在世时无权阅读。由于害怕被后世称为昏君，所以帝王都注意自己的一言一行。

赵简子知道周舍要效法古代史官，记录自己的言行，觉得能促使自己成为明君英主，也没有什么不好，于是便同意了周舍的请求。

从此以后，赵简子在宫廷内或外出，都与周舍在一起，而周舍也跟在赵简子后面形影不离，随时记录简子的一言一行。

但是没过多久，周舍就死了，赵简子难过得就像死了儿子一样伤心。

后来，有一次赵简子与众大夫在洪波台喝酒，喝到兴致正浓的时候，赵简子突然流泪哭泣起来。

众大夫都很惊讶，他们离开了席位，向赵简子请罪说："不知某等所犯何罪！使主公伤心了，还请主公明示。"

赵简子说："诸位大夫都没有罪。"

众大夫更加莫名其妙，又问："我们既然没有罪，那主公是有什么烦心事？或者是别的国家侵犯我国？可是不对呀，并没有任何国家侵犯我国呀！究竟是谁得罪了主公呢？不妨说说，我们也好为您分忧！"

赵简子说："我想起我朋友周舍说过的话，不由得暗自悲伤起来。"

众大夫问："周舍说了什么？"

赵简子便把周舍的话重复了一遍："千张羊皮不如一只狐狸腋下的毛皮值钱，众人随声附和不如一个正直之士刚直不阿有益。从前，商纣王由于大臣沉默不语而使商朝灭亡，周武王由于有刚直不阿的大臣而使周朝兴盛。"

然后，赵简子又说："自从周舍死了以后，我再没有听到谁批评我的过错了。我大概离灭亡不远了，因此我就流泪哭泣起来。"众大夫都感到很惭愧。

有远见的政治家应该学会听到不同的意见，接受对自己的批评，不能被随声附和的人所包围。

陶行知在育才小学当校长的时候，有一次，他看到男生王友用泥块砸自己班上的男生，便当即制止了他，并令他放学后到校长室去。

放学后，陶行知来到校长室，王友已经等在门口准备挨训了。可一见面，陶行知却掏出一块糖送给他，并说："这是奖给你的，因为你按时来到这里，而我却迟到了。"王友惊疑地接过糖。随后，陶行知又掏出一块糖放到他手里，说："这块糖也是奖给你的，因为当我不让你再打人时，你立即就住手了，这说明你很尊重我，我应该奖你。"王友更惊疑了，他眼睛睁得大大的。

陶行知又掏出第三块糖塞到王友手里，说："我调查过了，你用泥块砸那些男生，是因为他们不守游戏规则，欺负女生；你砸他们，说明你很正直善良，有跟坏人做斗争的勇气，应该奖励你。"王友感动极了，他流着眼泪后悔地说道："陶……陶校长，你……你打我两下吧！我错了，我砸的不是坏人，而是自己的同学呀……"

陶行知满意地笑了，他随即掏出第四块糖递过去，说："为你正确地认识了错误，我再奖给你一块糖，可惜我只有这一块糖了，我的糖发完了，我看我们的谈话也该完了吧！"说完，就走出了校长室。

人都有趋利避害的特性，要使人改错，设法引导、鼓励比指责和严惩更有效果。

要敢于承认不足

有个希腊穷人到雅典的一家银行应聘门卫工作，人家问他会不会写字，他很不好意思地说："我只会写自己的名字。"他因此没能得到这份工作，无奈之下他借了点钱去另找出路，渡海去了美国。

几年后，他竟然在事业上获得了巨大成功。

一位记者建议他说："您该写本回忆录。"

这位企业家却在众多媒体人物到场的情况下笑着说："绝不可能，因为我根本不识字。"

记者大吃一惊。

企业家很坦然地说："任何事有得必有失。如果我会写字，也许现在我还只是个看门的。"

这位企业家并没有因为自己是一个有身份的人而认为自己不识字是低人一等或没有品位。他认为，诚实才是做人的灵魂。

当然，不诚实表现在多个方面。有一种不诚实就是不懂装懂。世界这么大，新鲜事物那么多，一个人不可能对所有的事物都了解，对所有的知识都掌握，大千世界中必定有你所不知道或知之甚少的东西，所以说，没有必要不懂装懂。要知道，不懂装懂的做法一旦被别人识破，不但显不出自己的品位，反而更会让人瞧不起，还难免被人故意利用弱点加以愚弄，那滋味恐怕更不好受。

生活中常有这样一些人，到处充当"无所不知"先生。每当人们谈起一个有兴趣的问题时，他就不知从什么地方钻出来，接过话头信口胡说："这个嘛，我知道……"捕风捉影地胡吹一通，虽然驴唇不对马嘴也毫不脸红。

这样做看似有面子，但往往容易弄巧成拙。由于不愿意被轻视而经常隐瞒自己不知道的事情，强把不知以为知，在他人面前冒充有学问的人。但想没想过世上还是谦虚的人多，人家虽然没有像这种人一样夸夸其谈，但并不说明人家不懂。而他们却在班门弄斧，关公门前耍大刀，最后必然会在人前丢丑。

即使是真有学问的人，也不能太"牛"，因为谁也不能什么都懂、都精通，早晚有一天"一失足"，所有原来吹出来的"良好印象"都将一扫而光。

其实，本着老老实实的态度做人处世，在与人讨论问题的时候，"知之为知之，不知为不知"，勇于承认自己有不懂的知识，坦率地向内行人请教，反倒是能够留给人们极好的印象。同时自己因谦虚也可以得到不少新的知识，亦不必因自欺欺人而感到内心不安。

这个道理你可能会说"谁不知道！"或许你说得对。问题是对于有些人来说，道理好懂，做起来却难，光为了"面子"，就会使人难于说"不知道"。

一位研究生曾回忆说，他曾遇到过这样一件事，由于学位论文在正式答辩前要送交专家审阅，他便把他写的有关宇宙观的哲学论文送交给一位白发斑斑的物理系教授，请他多多指教。但他没有想到的是，这位老前辈第一次约见他的时候就诚恳地对他说：

"实在对不起，你论文中所写到的物理学理论我还不太懂，请你把论文多留在我这里一段时间，让我先学习一下有关的知识后再给你提意见，好吗？"

他当时简直不敢相信自己的耳朵，不是因为相信老教授真的不懂，而是因为这样一位物理学的权威大家，敢于当着一位还没有毕业的研究生的面承认自己在物理学领域还有不懂的东西！

老教授大概看出了他内心的疑惑，爽朗地笑了起来："怎么，奇怪吗？一点都不奇怪！物理学现在的发展日新月异，新知识层出不穷，好多东西我都不了解，而我过去学过的东西有很多现在已经陈旧了，我当务之急是重新学习。"

老教授的这番话使这位研究生佩服得五体投地：这才是真正的学者风度！回想起自己经常碍于面子，在同学面前，不知道的事情也硬着头皮凭着一知半解去发挥，真是十分惭愧！

在他做论文答辩时，有一位外校的教授向他提出了一个他不懂的问题，他虽然觉得心跳加速，脸直发烧，但一看到坐在前面的那位物理系教授，顿时勇敢地说出"我不知道"。他原以为在场的人会发出讥笑，但结果并没有发生这种不利的反应。他还见那位教授满意地点了点头。答辩会一结束，老教授就把他叫到一边，详细告诉了他那个问题的来龙去脉，使他大受感动。

白发斑斑的老教授敢于向青年人承认自己的"不懂"，使研究生对他更加尊敬；研究生深受教育，在答辩时面对难题，也承认了自己知识的不足，同样受到他人的赞赏。可见，承认"不知道"不但可在人们的心目中增加可信度，消除人际关系中的偏执和成见，开阔视野，增长知识，而且还有另外一大益处：使自己更富有想象力和创造力。

相对老教授和他的学生的谦逊，有一些人已成为名人，就是不能坦陈自己的不足，为自己的名声抹了不少黑。有那么一位中年老师，因为在电视上讲了几次，又出了几本书，声名一时鹊起。他本是讲历史的，结果奥运会他也评论一下，神舟飞船上天，他又一通儿乱侃，结果在观众中名声大跌，网上留言评价相当负面。倘若电视台邀请出节目，他大可坦陈不足，请其他专家出面，这反倒会提高自己声望。然而，现在，在人们心目中，他不过是一个为了面子（或是为了出镜费）什么都侃的普通人。

接受批评要虚心

是人都难免犯错。如果你发现自己错了，最好不要像鸭子似的嘴硬。死扛着不认错，不仅活得累，而且活得不坦荡。

有一位教师朋友，他们学校对他的教学工作颇有微词。一位和他相识的教授曾说了一些看不起他的话，这些话被传到他耳里，他只好忍气吞声。后来有一天他接到这位教授的来信。那时教授已离开了学校，调到某新闻部门从事编辑工作。教授来信说，以前错估了他，希望得到原谅。此时，这位教师的各种敌意便立刻烟消云散了，并极其感动，马上回信并表示敬意。从此，他们便成了好朋友。

由此可以看到，承认自己的错误不但可以弥补破裂的关系，而且可以增进感情，但有勇气承认自己的错误却不是一件容易的事情。有一位名人曾经说过："人们敢于在大众面前坚持真理，但往往缺乏勇气在大众面前承认错误。"有些人一旦犯了错误，总是列出一万个理由来掩盖自己的错误，这无非是"面子"在作怪。他们以为，一旦承认自己的错误就伤了自尊，就是丢了个人面子。这种想法，无异于在制造更多的错误，来保护第一个错误，真可谓错上加错。

古人说过："人非圣贤，孰能无过，过而能改，善莫大焉。"意思是说，人都会有过失，只要能认识自己的过失，认真改正，就是有道德的表现。孔子曾把"过失"比喻为日食与月食，无论怎样对待大家都会看得清清楚楚。因此，最好的办法是坦诚地承认自己的错误，通过承认错误表现出谦虚的品格。知道自己犯错误，立刻用对方欲责备自己的话自责，这是聪明的改正方法，这会使双方都感到愉快。

每个人都有自己的自尊心和荣誉感，如果肯主动承认自己的错误，这不仅不会使自尊受到伤害，而且也会为自己品格的高尚而感到快乐。

事实上，主动承认自己的错误，不但可以增加相互之间的了解和信任，而且能增进自我了解进而产生自信心。有时候，人们非要等到自己看见并接受自己所犯的错误时，才能真正了解自己的能力。当年的亨利·福特二世就是从错误中学习，并在改正错误时真正了解自己的能力的。当年，26岁的亨利·福特二世接任了美国福特汽车公司的总裁。上任后，他的创新、实验和努力避免错误产生的做法，扭转了公司亏损的局面。有人问他，如果让他从头再来的话，会有什么不同的表现。他回答道："我只能从错误中学习，因此，我不认为自己可能有什么与众不同的作为，我只是尽量避免重犯不同的错误而已。"

承认自己的错误并不是什么耻辱，而是真挚和诚恳的表现。承认自己的错误更能显示自己人格的伟大。但是认错时一定要出于真诚，不能虚情假意。真诚不等于奴颜婢膝，不必低三下四，要堂堂正正，承认错误是希望纠正错误，这本身就是值得尊敬的一件事情。假如你没有错，就不要为了息事宁人而认错，否则，这是没有骨气的做法，对任何人都无好处。

如果你说过伤人的话、做过损害别人的事，坦诚地承认自己的错误会使你心胸坦荡，这将使你踏向更坚强的自我形象，增进你在他人心中的人格魅力。早在2000年前，古希腊的哲学家留基伯与德谟克利特，就从自己错与别人错的比较中，明确地指出："谴责自己的过错比谴责别人的过错好。"不明智的人才会找借口掩饰自己的错误。假如你发现了自己的错误，就应尽快地承认自己的过错，这不仅丝毫不会有损于你的尊严，反而会提升你的品格。

要感谢批评你的人

飞蛾是挣脱了那层足以让它丧命的蛹才最终变成美丽的蝴蝶；珍珠是经历了那粒沙在贝壳里艰难的磨砺才得以如此璀璨。人生，也是因为经历了磨难才得以让生命更加顽强、坚韧、具有张力。

20世纪80年代初，年逾古稀的曹禺已经是功成名就的戏剧大家。有一次美国同行阿瑟·米勒应邀来曹禺家做客，午饭前的休息时间，曹禺小心翼翼地从书架中间取出一个装帧极为讲究的小册子，上面装裱着画家黄永玉写给他的一封信，曹禺逐字逐句地把信的内容念给阿瑟·米勒听，神情庄重而语气激动。信中这样写的："我不喜欢你新中国成立后的戏，一个也不喜欢，你的人不在戏里，你失去了伟大的灵通宝玉，你为势位所误，命题不巩固、不缜密，演绎分析不透彻，过去数不尽的精妙的休止符、节拍，冷热快慢的安排，那一箩一筐的隽语都消失了……"

事后，阿瑟·米勒撰文描述了他的迷茫："这封信对曹禺的批评，用字不多但却相当激烈，还夹杂着明显羞辱的味道，然而曹禺念信的时候却神情激动。我真不明白曹禺恭恭敬敬地把这封信裱在专册里，并且又一脸虔诚地念给我听，他是怎么想的。"

阿瑟·米勒的茫然是理所当然的：毕竟，把别人羞辱自己的信件裱在专册里，这样的行为太过罕见，无法让人理解和接受。然而，曹老之所以这样做，正是因为他拥有无上的品格——感恩，才会"猝然临之而不惊，无故加之而不怒。"心怀感恩，才会对别人的羞辱泰然处之；心怀感恩，才会把人家的批评作为赏赐，作为自己进步的阶梯。

达·芬奇有一句话："敌人的判断时常比朋友的判断更适当些，更有用些。"敌人看待问题，往往是吹毛求疵的，而朋友却是抱着欣赏的态度来看待问题的。而艺术，就需要这种吹毛求疵的精神来改正不足。所以，重视那些批评你的人，他们的批评往往能令你往前走得更远。

批评是一把双刃剑：可以令你失败，更可以催你成功。对于一个有志者来说，它就是人生的动力，促使你不断学习进取。当你本事练成了，它会给你带来理想的工作和丰厚的回报。这时，你回过头来就会发现，正是当初的批评化为了进取的动力，才使得你取得了成功，而此时你需要做的是去感谢折磨你的人。

　　人生唯有经历各种各样的批评，才能增加生命的厚度。只有通过一次又一次与各种批评握手，历经反反复复几个回合的较量之后，人生的阅历就在这个过程中日积月累、不断丰富。

第八章
鳄鱼法则：壮士断腕，方显英雄本色

舍得，是一种大自然的规则，也是一种处世与做人的规则。人生中难免会出现两难的抉择，这时候，就需要你果断地舍弃一些东西，及时止损，才能成就大局。

两害相权取其轻

下棋时，棋手会先放弃没用的废棋，在必要时"舍卒保车"，关键时要"忍痛割爱"，当然也会因为自己的失误而错失好棋。高明的棋手很会运筹帷幄，能充分发挥每个棋子的作用，懂得把棋子放在合适的位置，让每个棋子各得其所。所以高手才能出师告捷，事事成功，从而获得操控更大棋局的机会。会不会走棋，懂不懂棋子的妙用是棋手的制胜法宝。

两害相权取其轻，两利相权取其重。舍卒保车是一种深远的谋略，从糊涂学的角度来看，就是一种以屈求伸、以退为进的策略，是一种宽容的智慧。如果贪图一时的小利，就可能会失去更多的、长远的利益。如果注重眼前的小利，那灭亡之日就近在咫尺了。被眼前的微小的利益所蒙蔽，不辨轻重、主次，看不到隐藏在小利后面的危害，这是失败的根源。小利益小包袱不丢，就会因小失大，把事情搞砸让能成的事变得不能成或难成。因此，每个人都要懂得吃亏是福，吃小亏为的是占大便宜。

清代康熙年间，大学士张英的桐城老家人与邻居叶家在宅基的问题上发生了争执。因两家宅地都是祖上基业，时间又久远，对于宅界谁也不肯相让。双方将官司打到县衙，又因双方都是官位显赫、名门望族，县官也不敢轻易了断。于是张家人千里传书到京城求救。张英收书后批诗一首寄回老家："千里捎书为一墙，让他几尺又何妨？万里长城今犹在，怎么不见秦始皇？"张家人豁然开朗，退让了三尺。叶家见状深受感动，也让出三尺，形成了一个六尺宽的巷子。张英的宽容旷达，留下了"六尺巷"这一美谈。

正所谓吃小亏等于占大便宜。在《红楼梦》中的王熙凤，很聪明，但都是小聪明，以至于她在"算来算去算自己"。

而真正聪明的人是大智若愚，如刘备，看起来似乎这种人文不能文，武不能武，就这样一个百无用处的人为什么会令许多人为他卖命呢？诸葛亮泪洒《出师表》、关云长千里走单骑、赵子龙在百万军中救阿斗，他们为什么要为刘备这么做呢？——这就是刘备的聪明所在。他善于以吃亏来赢得人心。

吃亏有时就是一种放弃。懂得放弃是一种智慧，有放弃才会有成就。陶渊明不为五斗米而折腰，果断地放弃了官场的生活，毅然地"归去来兮"，"采菊东篱下，悠然见南山"。遂成为田园派诗歌的开山鼻祖；李白不愿"摧眉折腰事权贵"，于是"明朝散发弄扁舟""且放白鹿青崖间"，遂有一代诗仙之称；岳武穆少年弃家从军，抛弃身家性命、个人荣辱而不顾，终致"经年尘土满征衣""八千里路云和月"，并创立了"撼山易，撼岳家军难"的抗金军队，才得以功垂史册、千古流芳；鲁迅先生深为愚昧的国民精神而痛心，毅然地放弃学医，拿起笔来，为唤醒国民的灵魂，投身到反封建的行列中来，成了勇敢的斗士；钱学森能够放弃国外的优厚待遇，冲破重重阻力，回到祖国怀抱，才赢得导弹之父的称号……

放弃是一种美，学会放弃，也是为了博取更多的价值。

一个渴望成功做事之人，浮视于富贵功名，才不致使自己屈从于功名富贵；将金钱利益看得很轻，才不致使自己成为金钱的奴隶；将物质享受看得很轻，才能不致使自己贪图享受。一个人只有不贪图享受，不为个人私利蒙蔽双眼，才能有所成就，才能让所有的人为之感动。

由此可见，在"舍"和"得"之间，各人有各人的缘法，各人有各人的选择。重要的是，必要时"舍卒保车"，关键时要懂得"忍痛割爱"。其实，许多时候的烦恼和困惑都源自"贪心"二字，总想选择最好的，却忘了"选择最适合自己的"这个浅显的道理。由此可见，"卒"和"车"具体到各人来说是相对而言的。

互联网上的一份问卷调查表明：超过90%的人认为，自身能力成长的机会和自身社交圈发展的机会，远比单纯的报酬更重要。这是令人高兴的，这足以说明，当代人看问题都有了发展的眼光，都懂得弃小利能为大谋。要想做事成功，就要有这种远见卓识。

放下是一种智慧

放下是一种智慧，人世间有多少的烦恼皆是因为放不下。人生路上会遭遇到许多不幸，挫折，失败，打击，痛苦，孤独，等等当你放下这一切时，心灵就会得到解脱，该放不放，必是大患。

罗君上班时，遇上一场突如其来的雨，被雨淋湿了衣服。出门时明明是晴朗的天，怎么就下雨了呢？罗君进了办公室时，恨恨地诅咒"鬼天气"。

刚诅咒完天气，电话就响了。接起电话，是老客户张先生的声音。

张先生向他咨询某些产品的问题。因为心情不好，罗君随便应付了几句就挂了电话。

几天之后，罗君得知他的老客户张先生在其他公司购买了一批产品。仔细回想，才发现是自己淋雨的那天怠慢了客户。罗君因此而心情沮丧，下班回到家里，因一点琐事把妻子斥责了一顿，弄得她哭哭啼啼地回娘家。不料，半路上妻子被车撞了，断了三根肋骨进了医院。

一场雨，使我遭受了这么大的损失！都怪那个鬼天气！不知道那个鬼天气还会给我带来什么糟糕事情！——罗君风风火火地跑在去医院的路上，这样自言自语。

要我说，这些事情都与那场雨没有关系。罗君不改变这种思维模式，那场"雨后综合征"还会纠缠上他。

下雨就下雨，哪里的天空不下雨？天要下雨，人是没有多大办法的。只是，不要让雨淋湿了灵魂就行了。因为一件不称心的事，就傻傻地让它影响着情绪，再在这种负面情绪的支配之下，做出一系列的蠢事，进而使糟糕扩大，导致情绪更糟糕……如此循环，真是傻得可以！

给灵魂撑一把伞，去远行。这把伞，叫放下。

现实生活是残酷的，很多人都会碰到不尽如人意的事情。有时候，你必须面对现实，学会低头示弱，说得俗点，也就是该低头时就要低头。要放下所谓的"面子"和"尊严"。低头是一种智慧和勇气。要知道，敢于碰硬，被视为有"骨气"。若一味地有"骨气"，到头来，不但会被拒之门外，而且还会被"门框"撞得头破血流，元气大伤，有些人会因此而一败涂地。正如我们去旅游时穿过山洞时该低头就低头，该弯腰就弯腰，低头更好走路，弯下腰来避免磕碰，走得过去又一胜境，这是为人处世的一种智慧，也是一种积极向上的人生态度和境界。

从前，有一个书生进京赶考。在经过一道悬崖的时候，一不小心掉进了深谷。眼看生命已经危在旦夕，书生本能地抓住了身边的藤条，总算保住了性命。但是人悬在半空，上不得下不得，正在不知如何是好的时候，突然看到了一个老者从悬崖边经过。书生立刻大呼救命。老者看见了吊在悬崖边的书生，就说："我救你可以，但是你必须得听我的话，我才能想办法救你上来。"书生连连点头。

"你现在把攀住藤条的手放下。"老者说。

书生一听，心想："我把手放开，那不是要掉入万丈深渊跌得粉身碎骨啊？哪里还能保得住性命，这家伙准是个骗子。"

因此，书生没有听老者的话，紧紧抓住藤条不放手。老者看到书生如此执迷不悟，只好摇摇头，叹了一口气，走了。

放手，并不一定会死，也许还有一线生机，但是不放手，却必死无疑。当你手中紧紧抓住一件东西不放的时候，你所拥有的只能是这件东西。如果你肯放手，那么你就会多了很多选择。人如果死守着自己的挂念不肯放下，那么他的人生道路只会越走越窄。

生活中大多数的烦恼就是因为放不下。那些不愉快的事情在心里累积多了，就会成为沉重的负担，阻碍你前进的脚步。唯有放下，才能解脱，才能轻装前行。

适时放手才能止损

施瓦辛格是美国家喻户晓的人物。他在每一个行业取得成功后，都会自动退位让贤。别人问为什么？他说，花无百日红，更重要的是他懂得"放弃"的奥妙。

当选州长后，人们普遍怀疑施瓦辛格的能力，认为他充其量是一个头脑简单，四肢发达，只会演戏的家伙。在一个酒会上，有人向他发难："州长先生，我们想知道，您怎么能当选为州长，是不是靠您的健硕身材和票房神话呢？"

"先生们，你们以为我是在利用之前取得的名声，是吗？那你们错了！"施瓦辛格一脸平静地说，"我想问一个问题。"

施瓦辛格随手指着身边一个很有名的富翁说："就您吧，先生，我想问您，您爬过山没有？"

"爬过，我想这里每个人都爬过，这个问题太简单了，州长先生！"富翁不屑地说。

"那好，当您爬上一个山峰后，再想爬到另外一个山峰，您会怎么做呢？"

"州长先生，这个问题我想连孩子也会回答，当然是从这个山峰往那个山峰上去了。如果能给我一个直升机的话，会更快。"富翁话中带刺地说。大厅内一阵大笑。

"那好，先生，如果没有直升机怎么办？怎么样才是捷径呢？"

"那也简单，没有直升机，我又不能飞上去，只能从这个山峰上下来，然后往那个山峰上爬了！"

"先生，您的意思是只要先放弃之前的山峰，才能拥有之后的山峰，是吗？"

"我想是的，一个人不可能拥有两个山峰。"

"太好了，我想您已经给出我的答案了。"

大厅内沉寂了数秒钟，随即爆发一阵掌声。

生活中就是这样，当你取得一个辉煌后，再想拥有另一个辉煌，就必须把以前的辉煌放弃，从头开始。如果你过多地想着以前的辉煌，它无形中也许已经成了你前进的绊脚石。忘掉它，并从零开始，你就已经成功了一半。

一位小男孩在过生日时得到了一份小礼物，于是便藏到一个他认为最秘密的地方。

一天早上，正在厨房准备早餐的妈妈忽然听见儿子的叫嚷声。她不明白发生了什么事，便急忙冲出厨房。这时，他看见儿子竟然把手插进了放在茶几上的花瓶里。花瓶虽然是个大肚子，但是瓶口很小。孩子伸进去的小胖手却怎么也抽不出来。

对于孩子的淘气，妈妈已经领教过多次，凡是能摔坏的他能够看得见的东西几乎都向高处转移了，但她怎么也想不到儿子居然看上了花瓶，而且还会把手伸到里面去。妈妈顾不上教训他，便拽着儿子的手，想帮他拿出来，但只要稍微用点力，孩子就痛得叫苦连天。

这可急坏了妈妈。她顾不上犹豫了，拿出锤子要打碎这个花瓶。

"不要！"儿子倒是先阻止了，因为他喜欢花瓶上的那幅画——

旱鸭子图。那是一幅神态逼真的国画：炎热的夏天里，一个和他差不多大的男孩，光着屁股端起比他头还大的水瓢饮着水。旁边穿兜肚的可能是他的姐姐吧，她正在看着被炎热熏烤得伸出长长舌头的狗。而那只狗正在充满羡慕地看着从水中刚上来的摇摇摆摆的鸭子。

在卡通形象遍布天下的时代，儿子对这幅画情有独钟。有时候，他会蹲在那里目不转睛地一边看，一边偷偷地乐。他对画画的热爱也是因这幅画引起的。所以，尽管妈妈说了好多道理，儿子就是不让她把花瓶打碎。看看上班的时间就要到了，妈妈再也顾不上和儿子理论，她拿起锤子把花瓶打破了。

一件精美的花瓶顷刻间成了碎片。在儿子惊异的目光中，他的手出来了。妈妈急忙看儿子的手是否受到损伤，可是，令她惊讶的是儿子的拳头仍是紧握着无法张开。

"你的手没有受伤吧？宝贝，快给我看看！"看到妈妈焦急的样子，孩子才伸开手。原来他的掌心里是一个乒乓球。他拿到乒乓球后就攥紧了，因为如果他伸开手，就拿不出来。他没想到，这样紧攥着，反而他的手也出不来了。

其实，许多事情，只要放手就能立刻解决，只是大家都不愿那样做，宁愿受着牢笼之苦。

我们不应该把放弃看成是一件坏事。懂得放弃那也是一种智慧，也需要一定的勇气。但是，我们不应该因为这样就事事都放弃，那是愚者的表现。真正的智者是懂得放弃才会拥有的人，他们的放弃是因为他们选择了更大的成功。

敢于舍弃才有转机

先哲云：将欲取之，必先予之。意思是：你想要得到，必须舍得付出。你仔细想想，你现在的每一项拥有，哪一项不是伴随着舍弃而来的？

一个人如果想得到更大的功名，你必须舍得安逸和享受；如果想得到更多的金钱，就必须舍得付出艰辛和疲劳；想得到婚姻的美满，就必须舍得付出自己迁就和忍让……什么都有成本，无非是得到了自己想要的，失去了为此所必须付出的。这便是"舍"与"得"的辩证关系。

一位农民住在深山中。一天，一位外地来的商贩给了他十颗不起眼的种子，说是可以结出一种很好吃也很贵的苹果。

农民听商人这么说，非常高兴，连忙将种子收好。同时他还想，既然这种苹果这么值钱，那么会不会有人来偷呢？于是，他特地选择了一块偏僻的林地，将这来之不易的种子埋进了这块土地。经过两年多的辛苦培育，种子长成了一棵棵苗壮的果树，结满了果实。

秋收之际，农民背着筐，气喘吁吁地爬上山顶，却被眼前的景象惊呆了，他发现，那一片红灿灿的苹果树竟被山中的飞鸟和野兽糟蹋得不像样子，满地都是残破的苹果。想到这几年的辛苦劳作和热切盼望，他不禁大哭起来。他的致富梦，就这样破灭了。他为了不错失发财的机会，将果树种在山野上，没想到会是这样一种结果。

在之后的岁月里，农民一直都很懊恼，他不甘心自己的劳动果实就这样被糟蹋了。后来，妻子安慰他说："这种子本来就是别人送给你的，现在上天把它收走了，你又何必苦恼呢？"

经过妻子的开导，农民心里也舒服了一些，于是又开始了种田的生活。

不知不觉间，几年过去了。有一天，他偶然间又来到这片山野，突然愣住了，因为在他的面前，出现了一大片茂盛的苹果树，上面结满了累累的果实。这会是谁种的呢？他思索了好一会儿，恍然大悟。

几年前，当那些飞鸟与野兽吃完苹果后，将苹果核吐在地上，经过几年的生长，那些果核慢慢长成了一棵棵茂盛的苹果树。后来，这位老农再也不用为生活发愁了，这一大片苹果树，足以让他过上温饱的生活。

试想，如果当年那些飞鸟与野兽，没有来吃这小片苹果树，那么就没有后来这一大片的苹果林了。

"舍得"既是一种大自然的规则，也是一种处世与做人的规则，还是一种创业制胜的规则。舍与得就如同水与火、天与地、阴与阳一样，是既对立又统一的矛盾体，相生相克，相辅相成，存于天地，存于人生，存于心间，存于微妙的细节，囊括了万物运行的所有机理。万事万物均在舍得之中，达到和谐，达到统一。

人之所以舍不得，归根到底是没有信心掌控未来，因此拼命地想要抓住今天，享有今天，全不顾及明天。你舍不得今天，如何能有明天？你舍不得付出，如何能有收获？你舍不得失去，如何能有得到？《卧虎藏龙》中李慕白有一句很经典的话："当你紧握双手，里面什么也没有；当你打开双手，世界就在你手中。"

想要得到太多，终将失去；想要活出精彩，就要懂得轻装上阵，就要懂得舍弃。对于人生，舍弃是一种智慧，也是一种境界，懂得舍弃的人往往会有更大收获。舍得是一种大智慧，是东方禅意中的超然状态与处世之道。成功永远是对少数人在舍得之后的犒赏。大舍大得，透射出智者豁达的气度。古往今来，得大成而永载史册者莫不深谙此道。

我们只要真正把握了舍与得的机理和尺度，便等于把握了人生的钥匙、成功的门环。要知道，百年的人生，也不过就是一舍一得的重复。

放弃也是一种美

有位记者曾经采访过一位事业上颇为成功的女士，请教她成功的秘诀，她的回答是——放弃。她用她的亲身经历对此做了最具体生动的诠释：为了获得事业成功，她放弃了很多很多：优裕的城市生活、舒适的工作环境、数不清的假日，甚至身体健康、甚至生命安全……

有时，当提议朋友们一起聚会或集体旅游时，我们常常会听到朋友类似的抱怨：唉，有时间时没钱，有钱时又没有时间。其实，人生是不存在一种很完美的状态的，你只能在目前的情况与条件下做出你自己的决定。选择不能拖欠，当你想着等待更好的条件时，也许你已经错过了选择的机会。

　　该放弃时一定要放弃，不放下你手中的东西，你又怎么去拿起另外的东西呢？

　　天道咎盈，造物主不会让一个人把所有的好事都占全。鱼与熊掌不可兼得，有所得必有所失。从这个意义上说，任何获得都是以放弃为代价的。人生苦短，要想获得越多，自然就必须放弃越多。不懂得放弃的人往往不幸。曾听朋友说起过他们单位的一个女人的故事，其人年逾不惑仍待字闺中。不是她不想结婚，也不是她条件不好，错过幸福的原因恰恰在于她想获得太多的幸福，或者说，她什么也不肯放弃：对于平平者她不屑一顾，有才无貌者她也看不上眼，等到才貌双全了，地位低微又使她的自尊心虚荣心受到极大的刺痛……有没有她理想中的白马王子呢？也许有，但我猜想，那一定是在天上而不在人间。

　　每一次默默的放弃，放弃某个心仪已久却无缘分的朋友，放弃某种投入却无收获的事，放弃某种心灵的期望，放弃某种思想，这时就会生出一种伤感，然而这种伤感并不妨碍我们去重新开始，在新的时空内将音乐重听一遍，将故事再说一遍！因为这是一种自然的告别与放弃，它富有超脱精神，因而伤感得美丽！

　　曾经有种感觉，想让它成为永远。过了许多年，才发现它已渐渐消逝了。后来悟出：原来握在手里的不一定就是我们真正拥有的，我们所拥有的也不一定就是我们真正铭刻在心的！继而明白人生很多时候需要一种宁静的关照和自觉的放弃！

　　世间有太多的美好的事物，美好的人。对没有拥有的美好，我们一直在苦苦地向往与追求。为了获得，忙忙碌碌，真正的所需所想往往要在经历许多流年后才会明白，甚至穷尽一生也不知所终！而对已经拥有的美好，我们又因为常常得而复失的经历而存在一份忐忑与担心。夕阳易逝的叹息，花开花落的烦恼，人生本是不快乐的！因为拥有的时候，我们也许正在失去，而放弃的时候，我们也许又在重新获得。对万事万物，我们其实都不可能有绝对的把握。如果刻意去追逐与拥有，就很难走出外物继而走出自己，人生那种不由自主的悲哀与伤感会更加沉重！

所以生命需要升华出安静超脱的精神。明白的人懂得放弃，真情的人懂得牺牲，幸福的人懂得超脱！当若干年后我们知道自己所喜爱的人仍好好地生活，我们会更加心满意足！"我不是因你而来到这个世界，却是因为你而更加眷恋这个世界。如果能和你在一起，我会对这个世界满怀感激，如果不能和你在一起，我会默默地走开，却仍然不会失掉对这个世界的爱和感激——感激上天让我与你相遇与你别离，完成上帝所创造的一首诗！"生命给了我们无尽的悲哀，也给了我们永远的答案。于是，安然一份放弃，固守一份超脱！不管红尘世俗的生活如何变迁，不管个人的选择方式如何，更不管握在手中的东西轻重如何，我们虽逃避也勇敢，虽伤感也欣慰！

有一种美丽叫作放弃。我们像往常一样向生活的深处走去，我们像往常一样在逐步放弃，又逐步坚定！

放下即是拥有

患得患失者，总是担心自己的失，而漠视自己的得。在他们的心中，见不了别人的得，也见不了自己的失，总是心胸狭窄，烦恼多多。而有些人不以物喜，不以己悲，心胸坦荡，烦恼全无。

东汉时期，皇上为了让博士们欢度春节，特意赐给博士们每人一只羊。

羊被赶来了，但是大小不等，肥瘦不一，如何分发呢？太学的博士们为此犯了难。

有人主张把羊统统宰了分肉，平均搭配，每人一份。有人嫌这样太麻烦，也太显计较，提出用抓阄的方法，大小、肥瘦，全凭自己的运气，抓住小的、瘦的，也怨不着别人。又有人说这种办法也不合理。大家七嘴八舌地讨论了老半天，仍然没有想出一个十全十美的好办法。

这时，博士甄宇站起来说："还是一人牵一只吧，也不用抓阄，我先牵一只。"

于是，大家的目光都齐刷刷地望着甄宇，都以为他肯定要挑一只又大又肥的。要是大的让人牵走了，剩下小的给谁呀？谁知，甄宇瞅了老半天，径直走到一只又小又瘦的羊前，牵了就走。这样一来，大家再也不好意思争执了，反而你谦我让。每个人都高高兴兴地牵着羊回家去了。

后来，这件事情传遍了洛阳，人们纷纷赞扬甄宇，还给他起了个绰号，叫"瘦羊博士"。

人生在世，认清烦恼的根源，才会豁达大度起来。不为蝇头小利而闷闷不乐，不为细小得失而郁郁寡欢。那些烦恼无穷的人多半是不能辩证地看待得与失的。他们计较的是自己的"得"，害怕的是自己的"失"，对他人的得与失则漠不关心。

在社会交往中，总是把自己的名利放在他人之上，时时盘算的是一己之私利，长此以往，烦恼必然增多，也必然会失去周围人的信任，使自己处于十分孤立和被动的局面，难以获得真诚的友谊和情意。

人生旅程中的确有很多东西是来之不易的，所以我们不愿意放弃。比如，让一个身居高位的人放下自己的身份，忘记自己过去所取得的成就，回到平淡、朴实的生活中去，肯定不是一件容易的事情。但是有时候，你必须放下已经取得的一切，否则你所拥有的反而会成为你生命的桎梏。

《茶馆》中常四爷有句台词："旗人没了，也没有皇粮可以吃了，我卖菜去，有什么了不起的？"他哈哈一笑。可孙二爷呢："我舍不得脱下大褂啊，我脱下大褂谁还会看得起我啊？"于是，他就永远穿着自己的灰大褂，可他就没法生存，只能永远伴着他的那只黄鸟。

生活中，很多人舍不得放下所得，这是一种视野狭隘的表现。这种狭隘不但使他们享受不到"得到"的幸福与快乐，反而会给他们招来杀身之祸。

秦朝的李斯，就是这样一个很好的例证。

李斯曾经位居丞相之职，一人之下，万人之上，荣耀一时，权倾朝野。

虽然当他达到权力地位顶峰之时，曾多次回忆起恩师"物忌太盛"的话，希望回家乡过那种悠闲自得、无忧无虑的生活，但由于贪恋权力和富贵，始终未能离开官场，最终被奸臣陷害，不但身首异处，

170

而殃及三族。

李斯在临死之时才幡然醒悟。他在临刑前，拉着二儿子的手说："真想带着你哥和你，回一趟上蔡老家，再出城东门，牵着黄犬，逐猎狡兔，可惜，现在太晚了！"

一个人若是能在适当的时间选择做短暂的"隐退"，不论是自愿的还是被迫的，都是一个很好的转机，因为它能让你留出时间观察和思考，使你在独处的时候找到自己内在的真正的世界。尽管掌声能给人带来满足感，但是大多数人在舞台上的时候，却没有办法做到放松，因为他们正处于高度的紧张状态，反而是离开自己当主角的舞台后，才能真正享受到轻松自在。虽然失去掌声令人惋惜，但"隐退"是为了进行更深层次的学习，一方面挖掘自己的潜力，一方面重新上发条，平衡日后的生活。

全身而退是一种智慧和境界。为什么非要得到一切呢？活着就是上天最大的恩赐。你对人生要求越少，你的人生就会越快乐。对于我们这些平凡人来说，重要的是能怀一颗平常善良之心，淡泊名利，对他人宽容，对生活不挑剔，不苛求，不怨恨。

放弃是一种美丽，学会放弃是一种智慧。人生路上，放弃滋润着你美丽的心灵。只要你懂得追求，学会放弃，明了得与失的关系，特别是在人生的节骨眼上举重若轻，那么你就会拥有幸福的人生。

有舍才有得

"鱼，我所欲也；熊掌，亦我所欲也，二者不可得兼，舍鱼而取熊掌也。"我们在漫长的人生旅途中，会遇到无数类似"鱼"和"熊掌"的问题，选择哪一个，放弃哪一个，都要我们自己做出判断。在这个两难的单选题中，要想得到更大的利益，让人生更加丰富多彩而不留遗憾，需要大智慧，既需要学会选择，也要学会放弃。

有得必有失，有取必有舍，选择与放弃形影不离。你选择了向东走，就放弃了南、西和北三个方向。人生的选择，很多时候难就难在不愿意放弃。面对人生的得与失，人们怕的不是得，而是失。只有明确了得与失的这一辩证关系之后，才会在得失之间做出明智的选择。

美国石油大王约翰·戴维斯. 洛克菲勒，33岁时就成了美国第一个百万富翁，43岁时创建了世界上最大的独占企业——标准石油公司，每周收入达100万美元。然而，他却是个只求"得"不愿"失"的资本家。一次，他托运400万美元的谷物。在途经伊利湖时，为避免意外之灾，他投了保险。但谷物托运顺利，并未发生意外，于是，他为所交的保险费而懊悔不已，伤心得失魂落魄，病倒在床上。他的这种患得患失、锱铢必较的思想观念，给他带来了不少烦恼，使他的身心健康受到了严重伤害。到53岁时，他"看起来像个木乃伊"已经"死了"。医生们为了挽救他的性命，为他做了心理咨询，告诉他只有两种选择：要么失去一定的金钱，要么失去自己的生命。在医生的帮助和治疗下，他对此终于有了深刻的醒悟。他开始为他人着想，热心捐助慈善和公益事业，他先后捐出几笔巨款援助芝加哥大学、塔斯基黑人大学，并成立了一个庞大的国际性基金会——洛克菲勒基金会——致力于消灭全世界各地的疾病、文盲和无知。洛克菲勒把钱捐给社会之后，感到了人生最大的满足，再也不为失去的金钱而烦恼了。他轻松快活地又多活了 45 年。

生活像一团火，能使人感到温暖，也能使人感到烦躁。经受了得与失的考验，人生就会变得和谐快乐。

对于得失，态度要坦然。所谓坦然，就是生活所赐予你的，要好好珍惜，不属于你的，就不要自寻烦恼，此其一；其二，就是得失皆宜，得而可喜，喜而不狂；失而不忧，忧而不虑。这种态度，比那种患得患失、斤斤计较的态度要开朗，比那种得不喜、失不忧的淡然态度要积极，要有热情。因为患得患失是不理智的，得失不计较是不现实的。该得则得，当舍则舍，才能坦然地面对得与失，找到生活的意义。这样的得失观才是比较客观而又乐观的。对于得失，认识要分明。在生活中，有的得不是想得就能得的，有的失不是想失就可失去的；有的得是不能得的，有的失是不应失的。谁得到了不应得到的，就会失去应该拥有的。当嗜取者取得不义之财的同时，就失去了不应失去的廉正。因此，当得者得之，当失者失之，不要得小而失大，亦不要得大而失小。

对于得失、取舍要明智。必须权衡其价值、意义的大小，才能在取舍得失的过程中把握准确，明白该得到什么，不该得到什么；该失去什么，不该失去什么。比如，为了熊掌，可以失去鱼；为了所热爱的事业，可以失去消遣娱乐；为了纯真的爱情，可以失去诱人的金钱；为了科学与真理，可以失去利禄乃至生命。但是，决不能为了得到金钱而失去爱情，为了保全性命而失去气节，为了获取个人功名而失去人格，为了个人利益而抛弃集体乃至国家和民族的利益。

在得与失之间并不是绝对相等的。在某一方面得到的多，可能在另一方面得到的少；在某一方面失去的多，可能在另一方面失去的少。比如，有的人在物质上得到的少，失去的多，但在精神上却得到的多，失去的少；有的人在精神上得到的少，失去的多，却在物质上得到的多，失去的少。由于各人的人生观、价值观不是绝对相同的，各人在得失上也不可能绝对相等。人生在世不可能得到所有的东西，也不会失去所有的东西。有所得必有所失，有所失必有所得，只是多少的问题、大小的问题、正反的问题、时间的问题。

其实有时会得到什么、失去什么，我们心里都很清楚，只是觉得每样东西都有它的好处，权衡利弊，哪样都舍不得放手。现实生活中并没有在同一情形下势均力敌的东西，它们总会有差别，因此，你应该选择那个对长远利益更重要的东西。有些东西，你以为这次放弃了就不会再出现，可当你真的放弃了，你会发现它在日后仍然不断出现，和当初它来到你身边的时候没有任何不同。所以那些在你不经意间失去的并不重要的东西，可能完全可以重新争取回来。

坦然面对得与失

懂得放弃的人，对任何事都不会太过苛求，所以心胸更开阔，生活更充实。有舍才有得，做人要拿得起，更要放得下。只有懂得放弃的人，才会拥有豁达、开朗的人生。

在欧洲一个偏僻的小镇，有一个特别灵验的水泉，可以医治各种疾病。有一天，一个挂着拐杖，只有一条腿的退伍军人，一跛一跛地走过镇上的马路。旁边的居民带着同情的口吻说："可怜的家伙，难道他要向上帝祈求再有一条腿吗？"

这句话被退伍的军人听到了，他转过身对他们说："我不是要向上帝祈求有一条新的腿，而是要祈求他帮助我，让我拥有一颗平静的心，在失去一条腿后也知道如何过日子。"

这位军人，失去的东西已经够多了，但他坦然地接纳了这个事实。他向上帝祈求的同时，就已经获得了平静的心。

人们往往希望获得，担心失去。但如果能够从失去中吸取足够的经验与教训，则可以避免以后失去更多。倘若我们能看得更远、更淡、更超然一些，我们就会更加勇敢、无畏、自信，有了这些，成功自然水到渠成。

对于生活的得失，我们的态度要坦然。所谓坦然，既是指生活所赐予你的，要好好珍惜，不属于你的，就不要自寻烦恼，又是指得失皆宜。得而可喜，喜而不狂；失而不忧，忧而不虑。该得则得，当舍则舍，才能坦然地面对得与失，找到生活的意义。这样的得失观，才是既比较客观，又比较乐观的。因此，当得者得之，当失者失之，不要得小而失大，亦不要得大而失小；对于得失，取舍要明智。必须权衡其价值、意义的大小，才能在取舍得失的过程中把握准确，明白该得到什么不该得到什么，该失去什么不该失去什么；得与失之间，并不是绝对相等的。在某一方面得到的多，可能在另一方面得到的少，在某一方面失去的多，可能在另一方面失去的少。

由于各人的人生观、价值观不是绝对相同的，各人在得失上也不可能绝对相等。人生在世不可能得到所有的东西，也不会失去所有的东西。有所得必有所失，有所失必有所得，只是多少的问题，大小的问题，正反的问题，时间的问题。

生活就像一团火，既能使人感到温暖，也能使人感到烦躁。面对人生的得与失，人们通常怕的不是得，而是失。只有明确了得与失的辩证关系，我们才会在得失之间做出明智的选择，经受得住得与失的考验，人生才会变得和谐而快乐。

学会舍弃才能幸福

有些东西，其实是我们想留也留不住的。比如爱情，他有时候来得会很快。有时候走得也会很快。在网上，看到一篇发人深省的文章，题目是女人说："很想离开他，但每次都舍不得。"

两个人一起的日子久了，要分手也不是一次就可以分得开的。明明下定决心跟他分手，分开之后，却又舍不得，两个人就复合了。复合了一段时间，还是受不了他，这一次，真的下定决心要分手了。分开之后，又舍不得。一个月之后，两个人又再走在一起。

女人悲观地说："难道就这样过一辈子？"

请相信我，终于有一次，你会舍得。

舍不得他，是因为舍不得过去。和他一起曾经有过很快乐的日子，虽然现在比不上从前，但是他曾经那么好。怎舍得他？

离开之后又回去，因为舍不得从前。每一次吵架之后，都用从前那段快乐的日子来原谅他。在回忆里，他是好的，那就算了吧。

无法忍受他，这一次真的要离开他了。可是，因为舍不得从前，于是又再给他一次机会。每次对他有什么不满，就用从前最快乐的那段日子来宽恕他。在回忆里，他是曾经拿过一百分的。

然而, 快乐的回忆也有用完的一天。有一天, 你不得不承认那些美好的日子已经永远过去了, 不能再用来原谅他。这个时候, 你会舍得。

有道是: "爱到尽头, 覆水难收。"当爱远走时, 无论它是发生在自己或者对方身上, 舍得都是唯一的出路。如果因为无法放弃曾经有过的美好, 无法放下曾经拥有的执着而舍不得。除非是心灰意冷、彻底绝望, 心中已经不再有灿烂的火花, 甚至连那些燃烧过后的草木灰也没有了一点温度, 这种时候, 想不淡漠都难。从此对你形同陌路, 对你的一切也不再有任何的回应。没有余恨, 没有深情, 更没有心思和气力再做哪怕多一点的纠缠, 所有剩下的, 都只是无谓。有一天当发现对于过去的一切你都不再在乎, 它们对你都变得无所谓的时候, 这段爱肯定也就消失了。但到了这样的地步又何苦呢?

如果你真的珍惜那份感情, 不如舍得放手。这样还保留了那份美好的情感不至于遍体鳞伤。舍得的本意是珍惜; 放手的真义是爱惜。爱情是如此, 其他的又何尝不是这样呢? 休别鱼多处, 莫恋浅滩头, 去时终须去, 再三留不住。如果你真的在乎, 那就糊涂一点, 舍得一些。

世界是阴与阳的构成, 人活于世无非也就是一舍一得的重复。舍得既是一种生活的哲学, 更是一种处世与做人的艺术。舍与得如同水与火、天与地一样, 是既对立又统一的矛盾体, 万事万物均在舍得之中, 其实懂得了也不过只有两个字: 舍得。只有真正理解了、醒悟到了, 也便知道了"不舍不得, 小舍小得, 大舍大得"这个朴素的道理。

做人要拿得起放得下

做人需要拿得起放得下。拿得起在于不随波逐流，保持自我；放得下在于通达世故，使自己免遭不必要的伤害。拿得起是勇气，放得下是肚量，拿得起是可贵，放得下是超脱。鲜花掌声能等闲视之，挫折、灾难能坦然承受。"人生最大的敬佩是拿得起，生命最大的安慰是放得下。"当迷雾消故尘埃落定的那一刻，你会发现这一切原本只是自己放不下。

有一个聪明的年轻人，想在各个方面都超过身边人，他尤其想成为一名学者。可是，许多年过去了，他在不少方面都取得了进步，唯独学业没有长进。他很苦恼，就去向一位大师求教。

大师说："我们登山吧，到山顶你就知道该如何做了。"

山上有许多晶莹的小石头，煞是迷人。每当见到他喜欢的石头，大师就让他把它装进袋子里，很快，他就有些背不动了。

"大师，再背，别说到山顶了，恐怕连动也不能动了。"他气喘吁吁地望着大师。大师微微一笑："该放下，不放下怎么能登山呢？"

年轻人一愣，忽觉心中一亮，向大师道谢后便走了。之后，他一心做学问，进步飞快。其实，人要有所得，必有所失，只有学会放下一些负累，才有可能登上人生的高峰。

我们的一生都在不断地赶路，我们一路走来，每一段路程中都会有不同的包袱加在肩头，直到我们不堪重负、无法呼吸……在这样的旅程中，我们背负的东西越来越多，也越来越沉，生命也会不堪重负。

做人不仅要拿得起，还要放得下。这句话说着很容易，在实践中，却很难。通常拿得起容易，要放下却很难。放下需要智慧，需要勇气。就算是遇到千斤重担压心头，也能够把心理上的重压卸掉，使之轻松自如。

放下不是无为而作，不是颓废厌世，放下其实是一门高深的学问。人生在世，忙忙碌碌，疲于奔波，我们常常被强烈的愿望所驱赶，不敢停步，不敢懈怠，也不敢轻言放弃。背上的包裹越来越多，越来越沉，而我们什么都不愿放弃，因而，当收获越来越多的时候，身心也越来越累。

人是感情动物，生活中，我们放不下的东西太多了。比如说一段坏死的感情，比如说因为说错话和做错事被上司或同事指责，比如说做好事却被人误解。生活中总会碰到很多委屈，于是心有千千结，放不下。把什么事情都装在心里，想这想那，愁这个愁那个，心事重重，愁肠百结。心理负担太重是会影响身体的健康的，放不下的东西太多，就会活得很累，结果把自己的生活搞得像一团乱麻。

"天下熙熙皆为利来，天下攘攘皆为利往。"让人留恋不舍的无非就是财、情、名这几个方面。想开了看淡了也就放下了。

有这样一个寓言故事：

一位老者带着一个年轻人打开了一个神秘的仓库。仓库里装了很多神奇的宝贝。而且，每件宝贝上面都刻着清晰可辨的字纹，分别是：骄傲，正直，快乐，爱情……

这些宝贝都是那么漂亮，那么迷人，年轻人觉得哪一样都是那么可爱，都是那么迷人。于是，他抓起来就往口袋里装。

可是，在回家的路上，他才发现，装满宝贝的口袋是那么沉。没走多远，便觉得气喘吁吁，两腿发软，脚步再也无法挪动。

老人说："孩子，我看还是丢掉一些宝贝吧，后面的路还长着呢！"

年轻人恋恋不舍地在口袋里翻来翻去，不得不咬牙丢掉两件宝贝。但是，宝贝还是太多，口袋还是太沉，年轻人不得不一次又一次地停下来，一次又一次咬着牙丢掉一两件宝贝。"痛苦"丢掉了，"骄傲"丢掉了，"烦恼"丢掉了……口袋的重量虽然减轻了不少，但年轻人还是感到它很沉，很沉，双腿依然像灌了铅一样重。

"孩子，"老人又一次劝道，"你再翻一翻口袋，看还可以丢掉些什么。"

年轻人终于把沉重的"名"和"利"也翻出来丢掉了，口袋里只剩下"谦虚""正直""快乐""爱情"……一下子，他感到说不出的轻松和快乐。

但是，他们走到离家只有一百米的地方，年轻人又一次感到了疲惫，前所未有的疲惫，他真的再也走不动了。

"孩子，你看还有什么可以丢掉的，现在离家只有一百米了。回到家，等恢复体力还可以回来取。"年轻人想了想，拿出"爱情"看了又看，恋恋不舍地放在了路边。

他终于走回了家。

可是他并没有想象中的那样高兴，他在想着那个让他恋恋不舍的"爱情"。老人过来对他说："爱情虽然可以给你带来幸福和快乐。

但是，它有时也会成为你的负担。等你恢复了体力还可以把它取回，对吗？"

第二天，他恢复了体力，于是循着昨天的路拿回了"爱情"。他高兴极了，忍不住欢呼雀跃。感到无比幸福和快乐。这时，老人走过来触摸着他的头，舒了一口气："啊，我的孩子，你终于学会了放弃！"

人们常说："拿得起放得下的是举重，拿得起放不下的叫作负重。"学会放弃，鲜花和掌声才会属于你。只有学会放下，你的人生才能变得轻松和愉快。

人生不如意事十之八九，生活很多时候会逼迫你不得不放弃一些你本不想放弃的东西。暂时的放弃并不代表着永远失去，有时候，只有放弃才会有另一种收获。要想采一束清新的山花，就得放弃城市的舒适；要想做一名登山健儿，就得放弃娇嫩白净的肤色；要想穿越沙漠，就得放弃咖啡和可乐；要想有永远的掌声，就得放弃眼前的虚荣；船舶放弃安全的港湾，才能在深海中收获满船鱼虾。

今天的放弃，是为了明天的得到。胸有大志的人是不会计较一时的得失的。

人的能力有限，我们不可能把一生所得全部背在身上，即使铜皮铁骨，也会承受不了。昨天的辉煌已经过去了，它不属于今天，更不能代表明天，我们只有毫不犹豫地放弃，才能轻装前行，看到更美的风景。

一次一次的放弃，会让我们越来越成熟，越来越淡定。学会放弃，放弃失恋带来的痛楚；放弃屈辱留下的仇恨；放弃心中所有难言的负荷；放弃浪费精力的争吵；放弃没完没了的解释；放弃对权力的角逐；放弃对金钱的贪欲；放弃对虚名的争夺……凡是次要的、枝节的、多余的，该放弃的都应放弃。